数字化、智能化、个性化服装定制

朱伟明　著

ZHEJIANG UNIVERSITY PRESS
浙江大学出版社

图书在版编目（CIP）数据

数字化、智能化、个性化服装定制 / 朱伟明著. —杭州：
浙江大学出版社，2021.10
ISBN 978-7-308-20848-2

Ⅰ. ①数… Ⅱ. ①朱… Ⅲ. ①服装设计 Ⅳ.
①TS941.2

中国版本图书馆 CIP 数据核字（2020）第 237777 号

数字化、智能化、个性化服装定制

朱伟明　著

责任编辑	王元新
责任校对	阮海潮
封面设计	周　灵
出版发行	浙江大学出版社
	（杭州市天目山路 148 号　邮政编码 310007）
	（网址：http://www.zjupress.com）
排　　版	杭州好友排版工作室
印　　刷	杭州宏雅印刷有限公司
开　　本	710mm×1000mm　1/16
印　　张	11.25
字　　数	232 千
版 印 次	2021 年 10 月第 1 版　2021 年 10 月第 1 次印刷
书　　号	ISBN 978-7-308-20848-2
定　　价	39.00 元

前　言

　　《中国制造2025》目标是实现从制造大国向制造强国转型,加快新一代信息技术与制造业深度融合,推进智能制造。新一轮科技革命与产业变革的呈现,以信息技术与制造业加速融合为主要特征,智能制造成为全球制造业发展的主要趋势,互联网与工业融合不仅为互联网产业开拓新的领域,更为中国经济转型升级提供新动力,是中国工业抢占全球产业变革的新机遇。中国传统服装产业已达到天花板,信息技术革命的爆发导致中国服装旧天花板正在瓦解,"互联网+"中国服装业的新天花板正在重塑,产业链上消费者、生产者和市场的关系正在重构,互联网时代以消费者为中心的服装产业供给体系正在形成。

　　受全球新工业革命、信息技术、市场效应、宏观政策等各层面因素的综合影响,工业革命下互联网技术、智能控制技术、云计算技术的深度融合实现了定制产品的网络化、数字化、智能化和个性化柔性生产。消费升级时代,消费者对品质消费的趋势日益显著,消费需求的快速迭代和差异细分又催生出新的消费需求,个性化消费需求的增长使得传统制造模式向服务型制造模式转变。中国经济正处于新旧动能转化、传统经济向数字经济转型的时期,一些服装定制企业纷纷迈向数字驱动智能制造新模式,加速数字化、智能化、个性化、定制转型升级。本书以消费升级驱动的服装个性化需求变迁为出发点,分析中国服装业结构性失衡与供需双侧错配的现状,阐述中国定制服装品牌格局,剖析互联网C2M时尚商业模式重构和服装定制智能制造逻辑,研究"互联网+"服装个性化定制智能制造评价,比较不同情境下服装个性化定制的体验价值,期望能对中国服装企业在数字化、智能化、个性化定制转型升级方面提供指导。

浙江理工大学　朱伟明

2020年12月8日

目　　录

第一章 中国定制服装品牌格局

互联网高科技的发展促进智能化以及人们追求个性化消费体验需求的增长,促使国内外定制品牌纷纷转型升级品牌模式以寻求新出路,因而定制行业转型升级成为服装行业风口。本章通过市场调研、专家访谈及文献查阅的方法,从定制服装品牌的起源特征及发展现状着手,基于品牌模式理论对男装定制市场进行梳理,分析比较中国服装定制市场竞争格局与运营模式;重点论述传统定制服装品牌、代加工转型定制服装品牌、"互联网+"定制服装品牌及成衣企业延伸定制品牌的运营模式特点,提出了对我国男装定制品牌运营的相关启示及营销建议。

面对国内外服装行业竞争新态势和"互联网+"工业4.0的挑战,为推动服装行业转型升级,化解服装行业成衣制造产能过剩,2016年《政府工作报告》提出:鼓励企业开展个性化定制、柔性化生产,培育精益求精的工匠精神,增品种、增品质、创品牌。与难以满足顾客多方位需求的专卖店、批发市场等销售模式相比,定制服装品牌依靠满足顾客体验式的个性化需求,迎合了消费者追求高品质生活的心理,所以定制热潮正快速抢占中国市场。

第一节 定制服装品牌格局与运营模式

一、定制服装品牌发展轨迹

从东西方看,定制服装都起源于宫廷时期,体现出定制服装的高级工艺与审美趣味以及提供专属独享体验式服务的特征。

(一)西方定制服装品牌起源及特征

西装定制最早起源于19世纪英国伦敦萨维尔街(Savile Row),先前专为英国皇家定制军服、礼服、骑马服,后来慢慢演变成正式的西装定制。英国人沿袭传统着装原则,对体面绅士极度追求,对服装剪裁及制作工艺愈发苛刻,拥有一套萨维尔街裁缝店的全手工制作西服成为男士们身份、地位和品位的象征。英国萨维尔街汇聚全英国乃至世界顶级裁缝,注重传统手工艺的继承,目前依然保留着一些全手工制作的高级定制品牌,如 Anderson & Sheppard、H-Huntsman、Henry Poole 等。英版定制西装讲究合身的垫肩,腰身处设计服帖的"英式腰省",位于口袋上方的小零钱袋。此外,较长的衣身也是英版定制西装外套的款式特征之一。

意大利定制产业在第二次世界大战后迅速发展,19 世纪 30 年代起先后创立了 Rubinacci、Borrelli、Brioni、Kiton 等顶级品牌,注重面料研发,如今这些高品质世界男装已成为优雅的代名词。法国在西装定制方面注重款式设计,拥有 Arnys、Francessco Smalto、Dormeuil(多美)等品牌。意大利与法国定制西装的基本特征是倒梯形、双排扣、收腰、宽肩,设计上多数为细瘦的轮廓造型、柔软的线条以及恰当的合体感。立体衣袖缝法做出的袖窿让手臂活动更加方便。还有标志性的船形胸袋,以及袖扣叠加在一起成复杂而优雅的吻扣设计等。欧版西装风格中最值得自豪的是优雅的形象和穿起来格外舒适的感觉。

(二)中国红帮裁缝发展历程

19 世纪末 20 世纪初,西服广泛流传于世界各国并逐渐成为一种国际通用服装。中国最早的宁波红帮裁缝起源于日本横滨,后在上海成名,并扩散壮大成为中国所有租界城市、租借地,甚至名扬海外的制作西服的社会群体。自 20 世纪 30 年代起,"培罗蒙""亨生"等专做高级西装和礼服的裁缝店林立于中国上海、哈尔滨等城市,并形成俄派、海派等多种风格流派。中国定制服装品牌始于红帮裁缝,以西服制作为起点并发展壮大,逐渐形成一定规模后演变为时装业。

20 世纪末,中国成衣业迅猛发展,快时尚致使国内定制行业低迷甚至被边缘化,但进入 21 世纪后国内经济迅猛发展,中产阶级崛起,这些为国内服装定制带来了新需求与发展契机。现今中国传统红帮裁缝定制品牌有红都、永正、罗马世家、真挚服、隆庆祥以及香港的 W. W. Chan&Sons、Sam's Tailor 和台湾的 Dave Trailer 等。

(三)"互联网十"定制品牌崛起

工业时代的大批量、标准化生产,让消费丧失了个性。伴随着第三次工业革命的到来,信息化与工业化深度融合,满足社会进步和人类文明发展的双层需求成为新趋势,以互联网的定制满足顾客个性化需求、供应链快速反应成为市场发展尚佳的转型方向。线下服装定制品牌纷纷调整战线开拓线上市场,如大杨创世推出纯线上品牌 YOUSOKU;乔治白创立"微信定制衬衫"系统,与英国高端定制品牌切斯特巴雷品牌签订合作协议;新兴"互联网＋"定制服装品牌如埃沃裁缝,线下开设体验店以解决顾客试衣等问题,还推出"易裁缝"定制平台,实现 C2B＋O2O 的服装定制模式。

"互联网＋"定制的主要特征是借鉴高级定制概念,通过各种软件手段进行线上、线下量体服务,解决了传统高级定制无法实现的规模效应。其在生产中主要利用成衣版型和规格数据进行制造,既满足了顾客个性化、舒适性的要求,又实现了大规模生产,在价格上也较传统高级定制有更强的竞争力,这也是当下互联网＋定制成为服装业风口的主要原因。

二、中国服装品牌竞争格局

（一）基于品牌模式的中国定制服装分类

服装定制基于不同视角有若干种分类方式,专家学者针对定制程度、定制层次、定制品类、定制规模与生产方式、产品价值以及定制行业的商业模式及品牌模式等方向都有过相关分类研究。Ross 根据定制程度将服装定制分为全定制（bespoke）、半定制（demi-bespoke）及成衣定制（good quality "ready-made"）三类;刘智博从定制服装品牌的生产规模、产品种类、设计参与程度等角度进行分类;刘丽娴从定制品牌模式角度对定制服装品牌进行分类;许才国等从成本模型、经营模型、服务模型和业务模型等四个方面提出了高级定制服装的理想模型。

基于各专家学者的理论基础,我们将定制品牌划分为以下七类:以红帮为基础的传统男装定制品牌;以成衣为主营业务转型延伸的定制品牌;以代加工为主营业务转型服装定制品牌;"互联网＋"定制品牌;以高级礼服设计师主导的定制品牌;以团体制服为主营业务的大规模定制品牌;新兴网络集成式定制平台（见表 1-1）。

（二）中国定制服装竞争市场格局

中国服装市场正在经历一场深刻变化,主要表现在出口市场不振、国内消费疲软、消费者消费方式迅速变化、互联网兴起、线上消费对实体店铺的冲击、供给侧改革等,这些都是中国服装企业当前必须面对的机遇与挑战。另外,服装行业内部,人工成本、原材料和土地等生产要素价格不断上升,也是中国服装企业必须克服的问题。当下为了面对日益巨大的挑战,中国服装业的智能生产、线上线下融合、基于需求的小批量个性化定制等都在进行中。

表 1-1　基于品牌模式的定制服装分类

经营模式	分类		品牌
传统高级定制品牌	国内	门店式	诗阁、W. W. Chan&Sons、香港飞伟洋服、华人礼服、恒龙
		网络化	红都、真挚服、永正、罗马世家、隆庆祥、培罗蒙
	国外		Anderson&Sheppard、Henry Poole、Kilgour's、Dege&Skinner、Ede&Ravenscroft、Gieves&Hawkes、H-Huntsman、Hardy Amies、Norton&Sons
成衣品牌业务延伸定制	国内	男装	杉杉、报喜鸟、蓝豹、希努尔、法派、罗蒙、雅戈尔
		女装	朗姿、白领、例外、兰玉
	国外		Ermenegildo Zegna、Alfred Dunhill、Canali、Armani Prive、Kaltendin
代加工企业转型定制品牌			红领、雅派朗迪、大杨创世、诺泰、丰雷·迪诺
新兴网络定制品牌	国内		衣帮人、埃沃、型牌、尚品、雅库、乐裁、OWNONLY、酷绅
	国外		Proper Cloth、Bonobos、Indochino、J Hilburn
设计师主导的高级定制品牌	品牌		Ricky Chen、Eric D'Chow、社稷、吉芬、何艳
	工作室		玫瑰坊、陈野槐、崔游、张肇达、祁刚、马艳丽、Allen Xie
大规模定制品牌			乔治白、罗蒙、雅戈尔、罗郎·巴特、派意特、帝楷、宝鸟、南山
集成式定制平台			7D定制、恒龙云定制、尚品定制、RICHES

　　伴随多元化浪潮,定制行业已成为融合制造、零售、管理、设计、文化、时尚、科技等各种因素的"大时尚、大消费"行业,产业整合、收购、跨界进程愈加频繁。面对消费变革的升级和互联网思维的不断冲击,传统服装产业的生产制造、品牌运营、商业模式重构等成为整个服装产业的热点问题。传统定制品牌通过网络信息化技术进行商业模式重构转型;成衣品牌纷纷转型成"定制裁缝店"并开展收购整合,或推出更完善的细分定制品类和品牌,向"多品牌,多品类"的品牌大集团进军;新兴网络定制品牌借助于信息化时代科技的快速发展,将商业模式 B2C 向 C2B+O2O 过渡升级,解决服装量身试穿等技术问题。国内定制品牌"互联网+"模式虽仍处于发展探索阶段,但目前已出现发展较为成熟的品牌,如红领、埃沃等(见图 1-1)。

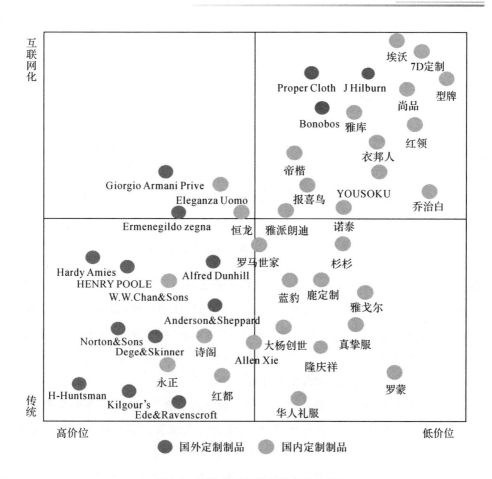

图 1-1 服装定制品牌竞争市场格局

三、中国服装定制品牌运营模式

（一）传统高级定制品牌重构

针对传统定制市场的调查发现，一部分传统定制品牌已开始商业模式重构。所以竞争战略上主要分为品牌联盟、网络定制、加盟代理和平台合作等形式（见图 1-2）。

在品牌联盟中，有强强合作的跨区域品牌联盟和企业子品牌联盟，如杭州恒龙与香港特别行政区诗阁、英国萨维尔 Henry Poole 进行跨区域品牌联盟合作，而红都集团采用品牌群组战略，集团旗下有不同经营业务的红都、蓝天、华表、造寸、双顺子品牌群组联盟。有部分传统定制品牌加大互联网科技的投入，提升官网定制

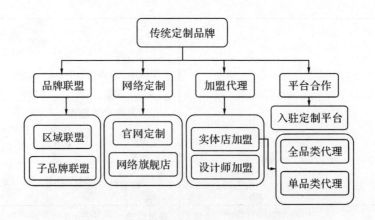

图1-2　传统定制品牌产业升级竞争战略

服务,如罗马世家;也有的在天猫开放旗舰店拓展营销渠道,如培罗蒙;有部分传统定制品牌依靠独特工艺、品牌文化、品牌荣誉等拓展加盟代理,如隆庆祥和红都;还有一些定制品牌通过入驻网络定制平台实现"互联网＋"定制渠道,如永正裁缝入驻尚品定制网络平台。

(二)"互联网＋"服装O2O定制品牌运营

网络个性化定制是"定制品牌—网络平台—消费者"的电子商务中介模式,属于B2B/C2C业务模式。在这个模式中,企业通过获取客户资料的人体测量技术、e-MTM量体定制软件、VSD三维虚拟试衣等技术;辅助CAD/CAM服装设计、CAQ质量管理等计算机集成制造技术;完善外包技术、物联网技术、CRM客户关系管理系统、FMS文件管理系统、MIS管理信息系统等供应链及信息管理方面的技术,来达到满足顾客个性化需求。

该模式的核心是通过具有效果展示功能的B2B/C2C网站为客户提供更便捷、专业、多样、个性、自主的定制服务。客户在服装定制网站上直接挑选出自己喜欢的款式、部件细节、面料、色彩等,组合成自己心仪的服装进而下单,节省定制时间。但由于客户端仍存在自身缺陷,如量体误差、售后服务风险、网页界面功能不完善等问题,所以网络定制品牌同时提供线下服务的O2O模式成为新趋势,如埃沃提供专人量体、出示面料小样、试穿修正等服务,通过线上营销、线下体验一体化运营,增强消费者线下定制体验感(见图1-3)。

(三)成衣延伸的定制品牌运营

男装成衣品牌诸如雅戈尔、报喜鸟、杉杉、罗蒙等不仅新增了定制子品牌,还针

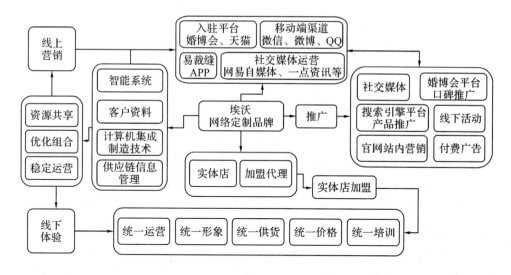

图 1-3 埃沃线上线下一体化经营模式

对婚庆市场推出了婚庆定制服务；卡尔丹顿、博斯绅威、VICUTU、SHATCHI 等国内知名的中高端商务男装品牌也纷纷推出了高端定制系列或定制子品牌。基于母品牌延伸实现品牌价值提升，用适当的价格让顾客享受接近高级定制的轻奢侈品式定制服装服务体验（见图 1-4）。这不仅反映出男装市场品牌多元化发展的需要，更体现了男装成衣品牌定制化能力与品牌延伸的可能性。

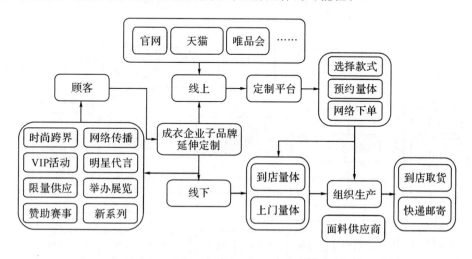

图 1-4 成衣企业子品牌延伸定制经营模式

相较于中高端服装品牌原先产品开发、设计生产有限的产品系列，服装定制化能促使顾客满意度提升,产品价值延伸,企业拥有更高的收益。"成衣延伸定制"是品牌经营模式运行的一种新选择,是企业寻求可持续发展的一个新途径。

(四)加工企业大规模制造向智能定制转型

加工企业大规模制造向智能定制转型是拥有大规模制造基础的代加工企业向大规模定制转型,走多品牌运作的道路,让顾客直接通过 APP 或者电脑进行在线设计下单,采用门店和预约上门两种量体方式的 O2O 模式。它将客户个性化需求贯穿于数据采集、研发、生产、物流等全过程,完全支持客户自主设计,打造自主知识产权的、完全定制的专属运营系统,实现在商业模式、战略理念、组织结构、流程体系、生产过程、供应链体系等方面全部重塑。客户直接对接工厂,消费者可以以非常便宜的价格享受到定制化的产品,省去了批发商、零售商、代理商等中间环节。

智能制造领先者——红领,将重心从欧美市场转移到亚洲市场,推出基于 C2M 与 O2O 模式相结合的魔幻工厂来实现定制化的转型。从 ERP(企业资源计划)、CAD(计算机辅助设计)、CAM(计算机辅助制造)等的单项应用,到利用 MES(制造执行系统)等实现各环节的综合集成;从工厂内部信息技术改造,到利用互联网融合创新,最终形成以订单信息流为主线的"酷特模式"。该模式创造了以海量版型数据库和管理指标体系为基础,以生产过程自动化为支撑,订单提交、设计打样、生产制造、物流交付一体化的个性化定制方式(见图 1-5)。而大杨创世经历了从专为欧美国家贴牌到自创品牌,从出口到内销,从批量生产到单量单裁的调

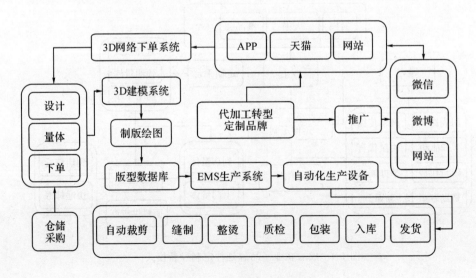

图 1-5　智能制造一体化定制方式

整,实现生产加工向品牌发展的战略转型。其他如雅楚、雅派朗迪作为面向国外市场的传统服装企业也纷纷从传统 OEM、面料商等转型升级并创立自己的定制品牌。

四、营销启示及建议

（一）启示

当今,产品经济逐渐转向体验经济,消费者追求个性化、情感化产品,互联网赐予了消费者前所未有的话语权与力量,企业与消费者之间的话语权发生倒转,消费者主权时代到来,"用户至上"已成为互联网时代的铁律。越来越多的消费者对个性化与差异化的追求让服装定制成为风口,但顾客在获得更多个性化体验时,互联网时代也改变了消费者的生活习惯。以链接为本质的互联网将消费者、产品、企业进行了链接,消费者可以随时随地通过互联网或移动互联网来获取产品信息并进行比较,还可以通过社交网络进行产品评价、建议与分享。

受供给侧和长尾价值理论影响,原先靠投资驱动、规模扩张、出口导向的"粗放"型发展模式正在逐步转型。在"互联网+"不断颠覆传统产业的当下,服装产业如何实现去产能、去库存、去杠杆、降成本、补短板,从生产领域加强优质供给,减少无效供给,扩大有效供给成为转型的首要问题。因此,互联网时代应重建消费连接,通过嫁接互联网实现产业升级,重构商业模式,重塑品牌价值。

（二）营销建议

当下"个性定制"是市场趋势,服装传统制造业的转型已迫在眉睫,品牌的定制化转型升级除了要在产品创新上倾注心思以满足顾客的个性化需求,重新构建与消费者之间的联系外,还应充分利用互联网工具,通过注入信息化、自动化、智能化等数字化技术方面的元素进行商业模式变革。

传统高级定制企业聚集大量红帮师傅,转型门槛较高,应开展柔性化生产,传承精益求精的工匠精神,开展产业形态变革。设计研发个性化产品,对接用户个性化需求,通过互联网的柔性化制造实现由传统制造模式向服务型制造模式转变。网络定制企业核心竞争力是互联网定制平台,定制企业应将一直秉承的数据为本、客户第一、体验至上、便捷为王、服务在先的"价值链"改为"价值环"这一新理念,关注客户需求、聆听客户反馈并实时做出改进与回应,创新化推动移动互联网四要素"终端+平台+服务+数据"的商业模式创新,以加速整个定制行业商业模式变革。成衣企业延伸定制子品牌,是在原有渠道的资源上创新渠道模式,因此,应基于大数据分析,规范定制标准,依托大众消费升级、经济转型政策来推动服装产业细分,促进产业链跨界变革。代加工转型定制的企业应开展技术范式变革,充分运用研发能力和生产优势,通过数字化技术及相关平台建设,借助智能技术推进供给侧改革。大规模团体定制的企业在原有生产技术上应努力扩大市场份额,提升品牌形象,通过智能化制造加强各管理系统的集成应用,通过加速工业化与信息化的深度融合,实现制造方式变革。

五、小结

中国传统服装产业已达到"天花板",信息技术革命使中国服装业的"旧天花板"逐渐瓦解,"互联网＋"中国服装业的"新天花板"正在形成,产业链上消费者、生产者和市场的关系正在重构,以消费者为中心的服装定制化供给体系正在形成,私人定制成为一种新时尚,个性化定制成为服装市场中的一片蓝海。中国服装定制品牌竞争格局处于转型与重构阶段,基于信息物理系统(Cyber-Physical System,CPS)的数字化、网络化、智能化制造架构的定制运营模式正在融合形成。

第二节　"互联网＋"服装数字化个性定制运营模式

第四次工业革命下互联网技术、智能控制技术、云计算技术的深度融合实现了定制产品的网络化、数字化、智能化和个性化柔性生产。消费升级时代,消费者追求品质的消费趋势日益显著,消费需求快速迭代和差异细分,个性化消费需求的增长使得传统制造模式向服务型制造模式转变。针对传统服装产业向数字化个性定制转型存在的难题,本书采用市场调研、专家访谈及文献查阅的方法,从"互联网＋"制造业模式的角度,对国内外服装定制品牌运作模式进行梳理及分析,获得实现供应链快速协同的"互联网＋制造业"创新模式及其特点,并提出服装数字化个性定制的两种运营模式,为传统服装产业转型升级提供有效路径及相关营销建议。

基于"互联网＋"的服装数字化个性定制采用互联网技术将服装定制生产实现数字化、标准化、模块化。通过集成数据分析的自动采集功能,加快了服装生产制造数据信息的准确捕捉、传送与分析,提高了服装定制的生产效率,极大地满足了顾客个性化的消费需求,从而进一步优化服装定制生产流程及生产资源配置流程。网络技术的发展使客户、制造商、供应商、设计师直接对话,电子化供应链系统对顾客需求做出个性化且快速准确的反应,以消费需求为导向,满足消费者源源不断的个性化需求。这一模式打破了传统单向的供应链模式,开始向结构化、网络化、智能化、一体化集成式发展,极大地提高了生产效率和生产水平。

一、"互联网+"时代国内服装定制产业发展现状

(一)服装定制产业发展及演变

国内服装定制产业最早可追溯到宁波的"红帮裁缝",它起源于日本横滨,1896年在上海开设第一家西服店"和昌号",后纷纷在广州、宁波、哈尔滨等地开设店铺。"红帮裁缝"将西方先进工艺与中国传统工艺相结合,为我国近现代服装的形成和发展做出了重要贡献。中国服装定制产业源于"红帮裁缝",以手工缝制的西装定制为起点不断发展演化,形成现代服装定制产业。20世纪末,中国成衣产业迅猛发展,定制产业走向低谷,随着信息技术的发展与消费升级,传统大规模批量生产的成衣已经不能满足消费者个性化、追求产品高质量与差异化的需求,服装定制产业又以多样化形态重新成为服装产业发展的风口。

国内服装产业的发展大致经历了三个阶段(见图1-6)。第一阶段为红帮裁缝传统服装定制,如隆庆祥、红都、永正裁缝、真挚服、香港诗阁等百年服装定制品牌,它们沿袭了传统"红帮裁缝"工艺,采用纯手工缝制,制作成本高,周期长。第二阶段为"互联网+"服装线上定制,如衣邦人、埃沃推出的"易裁缝"线上定制、大杨创世推出的YOUSUKU线上定制品牌等网络定制品牌。第三阶段为"互联网+"数字化智能制造。如红领、报喜鸟等,通过3D打印逻辑,实现"互联网+"制造业的以数据驱动的工业互联网定制平台,将传统复杂的供应链转变为信息驱动的电子供应链系统,实现服装大规模数字化个性定制。

国外服装网络定制起步较早,随着电子商务的快速发展,各定制企业搭建了汇集设计师、面料商、工厂、实体店、物流及消费者等多个网络终端的服装定制互联网一站式平台。随着数字化、智能化的快速发展,诸如Bonobos、Indochino、Construct等服装定制品牌,纷纷开展基于互联网的数字化个性定制。

美国最大的服装品牌定制网站——Bonobos,产品包括男裤、西装、衬衫及鞋子。Bonobos采用"垂直整合,多渠道零售"的线上线下结合的经营模式,除了给顾客更好的定制体验外,顾客还有三种渠道可以向品牌下单,包括Online(网站)、Guide shop(体验店)、实体百货商店。客户可以选择并试穿服装,并在网络平台选择服装定制的款式、面料等,通过量体后直接下单,顾客数据、产品信息转变为数字

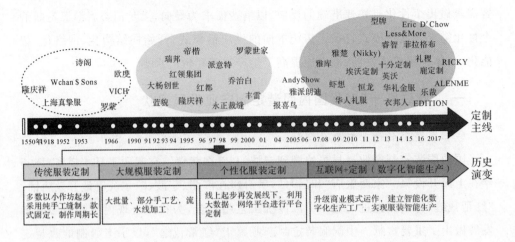

图 1-6　国内服装定制品牌发展及演变

化信息传送至生产部,实现生产到配送再到顾客的全供应链快速定制。

加拿大定制翘楚——Indochino,提供中高端线上个性化西服定制服务,顾客可以通过访问线上移动端或纽约、波士顿、旧金山、多伦多、贝弗利山庄、费城、温哥华的线下门店,定制属于顾客自己的服装。Indochino采用独特的虚拟库存商业模式,主要通过线上销售,采用旅行裁缝(Travelling Tailor)的形式为顾客提供线下体验。顾客通过选择服装面料、款式等进行自主设计,再通过自主量体或服务量体后将数据直接传送至工厂进行生产。

时尚定制科技创新者——Constrvct,是美国在线服装定制品牌,品牌推出业界首个可在线进行3D服装设计的软件,顾客可以通过3D设计界面呈现整个服装的三维图,设计制作出独特的引领潮流的服装。定制者可将自己喜欢的高清照片、绘画等上传到Constrvct网站,利用3D设计软件设计自己的图片,再自主选择服装的面料、款式、图案等,通过自主量体后将数据传送到生产部门进行生产。

(二)数字化、智能化个性定制显现

数字化、智能化个性定制是制造业发展的必然趋势,也是"中国制造2025",德国"工业4.0",美国"先进制造业战略计划"等国家战略计划的重要内容之一。随着生产与需求层次的不断升级,服装行业正面临着巨大的挑战,尤其在生产环节。CAD、ERP、3D扫描、MTM、虚拟试衣等数字化技术的出现,推动服装企业朝着数字化、智能化转型。红领集团自2003年以来,不断研究个性化定制,建立服装工艺、版型、款式、面料等数据库,构建MTM定制平台、手机移动端"魔幻工厂""3D

柔性制造工厂"等一体化集成式生产模块,最终实现服装数字化、智能化、个性化柔性定制;报喜鸟集团于2014年推出全品类私人定制,打造智能云平台和透明云工厂,形成集智能制造个性化定制、柔性生产、云计算等数字化科技为一体的生产模式,实现高效率、低成本生产;衣邦人利用ERP系统将消费者与制造商连接,实现服装的数字化快速生产。

二、价值链的快速协同——"互联网十"制造业

(一)网络服装个性化定制平台

网络服装个性化定制采用"设计—销售—设计—制造"的模式,全程以顾客为中心,向顾客提供模块化设计、3D扫描人体尺寸、虚拟试衣、定制人台等个性化服务。定制系统的模块化设计遵循TPO着装规则,顾客通过定制平台直接登录客户端输入个人信息即可进行自主设计。系统默认的TPO款式模块将服装分为领型、袖口、衣身、口袋等多个模块,用户只需根据系统提示依次进行选择组合搭配。个性化定制为顾客提供在线参与设计,与设计师共同设计出满足个人需求的服装,也可以通过系统模块单元自行组合搭配完成定制服装设计。个性化定制服务是以提高顾客价值为目标的,旨在以智能化、数字化技术满足顾客量身定制消费体验的需求,突破传统高级定制的低效能生产模式。

(二)MTM智能制造系统快速反应需求

在整个MTM运营支撑系统中有两个环节最为关键:一个是人体测量与大规模样板库,另一个是电子商务门户平台。采集人体数据的型与号是MTM工作的关键一步,它的正确与否决定了服装制作完成后的效果如何。服装定制品牌制定了一套标准化、规范化的数据采集方法,将复杂的问题简单化(见图1-7)。该系统中包含着多个子系统,全部以数据来驱动经营,工厂车间中所有的员工都实现了面对互联网终端进行工作。MTM平台实现了个性化大规模定制,颠覆了传统服装生产模式。MTM系统的关键是用大数据系统替代手工打版,其将消费者、供应商、设计师等联系起来,通过APP或线下量体,再在线上平台下单后将数据自动传输到M端,进行全自动化智能生产。系统会根据顾客的量体数据,自动生成版型,自动匹配款式、工艺、面料等并进行自动裁剪,单一顾客裁片会分配到各个工位进行流水线生产,顾客的工艺细节要求在系统中随时查看。通过车间的电脑系统,在短时间内,一个工人就能处理多个订单,每个订单中多达几十个技术细节,工厂会根据不同顾客的不同工艺要求进行个性化流水线制作,使整个车间就像一台"数字

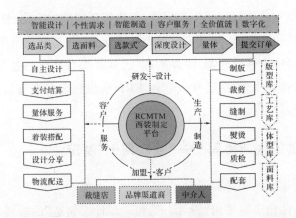

图 1-7　MTM 智能制造系统

化的 3D 服装打印机",消费者 C 端直接接触 M 端,省去了中间环节,提高了大规模个性化定制的生产效率。

（三）一体化定制集成生产

一体化定制集成生产以数据驱动的服装大规模个性化定制新模式,其运用企业现有的生产技术,通过互联网技术与 APS、MES、ERP、CAD、SCM 等系统的集成,达到互联互通,实现工厂内的智能化与个性化柔性生产。它以顾客订单信息为导线,以射频芯片卡为载体,以 3D 扫描、虚拟试衣、人体模型为顾客提供个性化服务,将服装定制的生产过程中的人、机、物、料通过数据信息化识别技术自动采集,将各类系统与网络有机结合在统一物联网综合数字化平台中,形成集智能制造平台、智能研发平台、智能营销平台于一体的标准化与模块化的互联互通,围绕营销、产品、信息化组织的集成应用以实现高效率、低成本的生产执行体系(见图 1-8)。

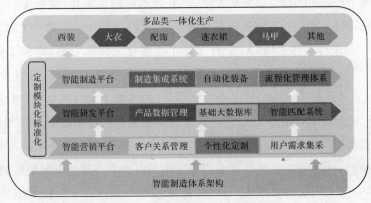

图 1-8　大规模个性化定制体系架构

三、"互联网＋"服装数字化个性定制运营模式

（一）C2B&D＋O2O 个性定制模式

C2B&D＋O2O，模式是基于"互联网＋"工业的背景下，将整条供应链流程转变，由消费者主导，消费者通过线上平台或线下店铺下单，平台或企业将顾客订单通过互联网传输给各个独立设计师或企业等，并根据消费者需求进行个性化定制，实现零库存、低成本、高效率生产（见图 1-9）。随着消费者需求层次不断升级，为了使 C2B&D＋O2O 的模式能够更好地适应当下市场发展趋势，企业可以根据自身优势及特点，开发个性化、数字化定制平台，B 端或 D 端集合设计师或企业，建立定制平台，消费者通过平台直接对接工厂或设计师，从而实现一对一个性化设计，并按照顾客需求快速量身定制。C2B&D＋O2O 模式去掉了中间商，直接将消费终端与工厂链接，为传统企业升级提供全程解决方案。C2B&B＋O2O 模式的

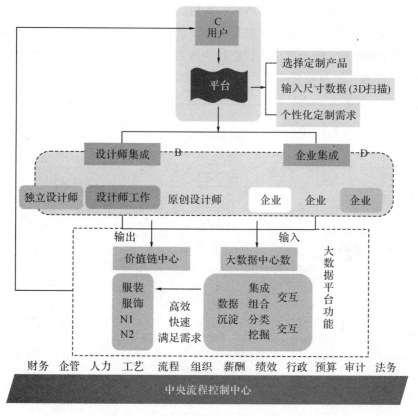

图 1-9 "互联网＋"服装数字化 C2B&D＋O2O 个性定制模式

核心价值是打造高效率个性化定制流程,运用大数据、云计算技术,通过 3D 量体与虚拟试衣技术,将分散的消费者需求数据,集合并转化为生产数据,并将互联网技术贯穿于企业生产组织流程,实现服装数字化个性定制。该模式的特点是基于三维模型,以订单数据为源点,对生产组织节点进行工艺分解,全程采用互联网数据传感器,收集并传送各个节点的生产信息至中央控制系统进行生产优化。C2B&D+O2O 模式借助网络数据库集采,实现了与设计师的精准对接,并组织了高效生产,缩短了生产周期,实现了零库存与高收益。

(二)C2M+O2O 个性定制模式

互联网技术、云计算、智能化个性化柔性生产及 C2M+O2O 营销模式的深度结合,打破了服装大规模生产与个性化定制的矛盾,通过"互联网+"工业化生产实现了服装数字化个性生产(见图 1-10)。工业 4.0 时代传统的规模化批量化生产正逐渐被以消费者为中心的个性化定制所取代。个性化定制下顾客的需求及喜好是多样化、零散化、非标准化的,"互联网+"时代是将这些零散的个性化需求整合起来,采用大数据技术、云计算技术等现代化信息处理技术,挖掘其深层次标准,将服装零售转化为集采。通过数字化智能制造满足大众的个性化需求,达到供应链的快速响应,实现客户规模效应。

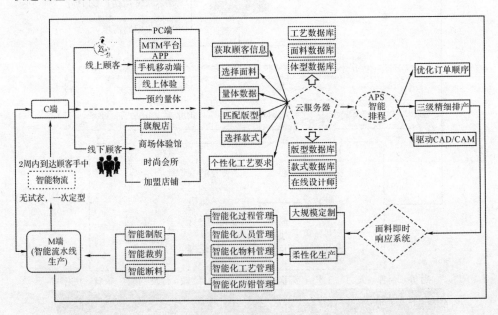

图 1-10　数字化个性定制 C2M+O2O 商业模式

　　数字化个性定制通过个性化消费需求集采实现数字化生产的低成本高效率快速生产。数字化生产即标准化、统一化生产。制约服装批量化、规模化生产的关键在于灵活多变的服装版型制作与设计,企业通过收集建立版型数据库、面料数据库、款式数据库、工艺数据库等,将三维的款式数据库与服装板片建立一一对应关系,通过不断更新优化实现版型数据化、模块化。快速有效的收集顾客需求及体型信息,并无缝对接到相应数据库中是服装数字化个性定制开始的关键。服装定制生产中企业将传统的生产流水线升级改造为基于互联网信息化的网络数据传送生产流水线。工人可以根据顾客需求进行流水线加工,最终实现同一流水线生产不同款式及不同设计的产品。"互联网＋"数字化个性定制通过互联网信息技术进行各个模块化的有效重组,最终实现定制的数字化生产。

四、建议

　　数字化个性定制是大势所趋,而数字化、智能化、协同化是关键。服装定制不仅要满足顾客个性化需求,还要通过线上线下全渠道集采消费需求,通过数字化处理、分类实现产品标准化、模块化快速生产;并将信息化、数字化、智能化注入企业生产流程,优化企业供应链进行商业模式的重构与升级。企业发展个性化定制,关键在于科技与数字化技术相结合,如 3D 扫描、虚拟试衣、人体模型智能打印等先进技术。调查表明,中国服装定制的潜在市场需求较大,因此企业应建立全品类产品一体化的集成平台和全渠道不同层次的定制平台,通过行业垂直化 T 字形战略横向拓展品类,打造全国定制生态。服装数字化个性定制的技术问题可以通过智能制造生产技术解决,但定制平台的关键在于以消费者需求为源点,坚持以顾客至上、体验为王的原则,关注顾客需求并快速响应顾客需求,增加顾客分享与参与性,提高顾客黏性,提升品牌形象。通过数字化驱动各个系统协同制造,加速互联网与工业化生产的深度融合,实现生产制造方式的优化与升级。

第三节　服装数字化个性定制与集成平台研究

　　随着智能时代、云计算和大数据时代来临,国内外制造业面临新一轮竞争态势。受长尾价值影响,消费者追求个性化和差异化,倾向于更便捷的多样化购物方式和更高的价值追求,服装量身定制市场迫切需要向数字化转型升级以满足顾客多样化需求。本书分析了新工业革命下服装定制智能数字化转型战略、服装数字化个性定制流程和定制系统,构建了服装数字化个性定制集成平台,阐述了数字化个性服装定制平台系统架构、三维测量技术与定制人台模型生成应用,并对该数字化集成平台的架构及其关键技术进行了分析。

面对新一轮工业革命挑战和国内外制造业竞争新态势,各发达国家先后制定并实施加快高端制造业发展的国家战略计划以振兴实体经济;我国也提出"中国制造 2025"战略,以推动制造业转型升级来化解产能过剩问题,推动供给侧改革,以抢占制造业竞争制高点。中国经济步入新常态,规模经济让位于个性经济,市场迫切需要为顾客提供更个性化、便捷的购物体验,量身定制置衣方式受到顾客的青睐。反观服装企业高库存、高成本、低周转率的传统产销模式难以满足市场细分下顾客多样性的需求,服装市场迫切需要向智能化、自动化、数字化、个性化、信息化方向转型。如何实现服装数字化个性定制,通过技术手段进行信息组织和管理、资源整合和共享的集成平台是服装定制发展新出口。

一、新工业革命下服装定制智能数字化转型

(一)新工业革命下服装定制数字化趋势

中国服装行业面临严峻态势,各国推行"再工业化"战略以谋求技术领先、产业领先,其他发展中国家以更低的劳动成本抢占劳动密集产业的制造业中低端,我国服装行业面临"前后夹击"双重挑战。成衣行业高库存、高成本致使产品难以溢价,各服装品牌纷纷转战定制市场,互联网的高速发展推动新兴网络定制品牌的出现,目前网络定制已占据了服装市场一定份额。但传统量身定制周期长、工艺技术要求高,在追求快时尚的现今社会发展受到多方面限制,"互联网+"定制却无法满足特殊体型量身、顾客试衣等需求,因而也无法提供完全满足顾客需求的高品质服务。高科技与互联网的发展带来新一轮工业革命,服装传统定制要紧抓机遇,通过对现有技术路线、生产组织方式和商业模式等的变革,向技术高端化、生产智能化、产品个性化、发展可持续化迈进。

新一代信息技术的纵深拓展和应用致使新工业革命产生,各信息技术交叉融合、集成、相互影响,并从根本上改变服装定制行业的商业模式、品牌与顾客互动模式及定制产品价值增值模式。服装定制行业创新驱动、转型升级应以智能化、数字化、网络化的核心技术为突破口和主攻方向,交叉融合各工程科学及信息技术,不断推动企业、制造系统、生产过程的数字化,实现数字化管理、智能化设计以及基于

网络的体验式服务,这也将成为当下服装定制发展的必然趋势。"互联网＋"高级定制实现人机连接,收集分析海量数据,通过软件技术和大数据分析、管理、应用,有效帮助企业经营决策,重构定制产业链。3D测量、纳米技术、智能材料等技术创新为服装定制提供更好的物质基础,以新原材料、新工艺、新服务方式,为顾客创造更好的购物体验。

(二)数字化服装定制研究综述

随着数字化智能技术的发展,三维人体扫描技术、智能制版、数字仿真技术、服装虚拟试穿等的发展和最新的数字化设备的连接集成,已经被应用于服装定制产业。服装数字化个性定制研究主要由数字化量体、智能制版、虚拟试穿等几大要素构成。随着服装定制技术的发展,新的制造模式概念被提出,早在2002年Cynthia L. Istook就指出,MTM定制生产方式,是采用数字技术和设备将定制生产通过产品重组和过程重组转化或部分转化成批量生产的方式。作为快速的单量单裁或小批量的定制生产,MTM的定制方式实现了人体测量—设计—加工—销售的全程价值链的数字化和网络化。

其中,三维人体测量技术及其系统的研发与推广运用,促使基于此项技术的数字化服装定制迅速发展。基于三维人体测量的服装应用技术研究主要围绕三维人体测量技术、三维人体数据库的建立与研究、人体体型分析与识别、三维人体建模、三维服装CAD等。服装定制的样板数字化设计技术主要有两种:一种是基于传统放码的个性化样板修改法、基于参数化设计的自动打板法和基于人工智能的样板设计法来实现基于二维的CAD系统的样板定制技术;另一种是通过几何展开法、力学展开法和几何展开—力学修正法来实现三维服装模型的二维展平技术。此外,3D虚拟试衣技术的研究经历了从假三维全景图像实现试衣到利用Flash技术展示的多角度甚至360°全方位旋转试穿效果,最后达到利用真3D模型技术实现真正意义上的3D试穿三个研究阶段。

因此,基于Web的eMTM定制系统是由人体测量系统、数据描述及应用系统、人体体型分析系统、虚拟试穿系统及网上服装定制系统等系统的集成平台,可以将服装定制过程中的款式设计、人体测量、体型分析、智能制版、虚拟试衣、网络定制等各个环节通过数字化技术集成,以高效的数字化链满足群体和个体的合体性要求,从而满足顾客的个性化需求。

二、服装数字化个性定制

服装高级定制过程中的数字化与智能化的功能实现,需借助于信息技术,在个性定制业务中搭建网络平台,归纳西服版型和工艺的专家知识,开发服装高级定制数字化、智能化管理系统,综合订单管理、生产加工、网络营销,最终实现终端店铺、工厂制造与顾客体验在订单传递、生产制作和终端销售的无缝对接。将数字化网络技术应用于生产管理的各个环节,企业通过 RFID 和 EPC 获取综合信息,达到快速反应和缩短生产周期的目的。顾客从接受量体一直到最后拿到衣服,全程由数字化系统管理,系统运行在 VPN 环境中,能很好地保护顾客隐私和公司机密数据。服装数字化个性定制以服装行业特色需求为基础,通过运用物联网的先进信息技术,构建个性化量身定制的网络平台,向顾客提供个性化虚拟购物和试衣体验,打破了传统纯手工制作的低效工作模式。

(一)服装数字化个性定制流程

顾客通过系统平台客户端登录并填写个人基本信息,老客户信息自动匹配,为客户建立的 3D 人体扫描数据库,涵盖所测量的所有关键部位尺寸数据,以及大肚、驼背等特殊体态标注。顾客进入系统定制页面可自主设计任何款式、面料、色彩的服装并与之搭配细节设计,西装款式设计研发遵循 TPO 男士的着装规则,顾客可在系统默认 TPO 款式模块中选取着装搭配方案,该模块涵盖所有场合男士的着装需求。款式模块设有领型、门襟、大袋、后背、手巾袋、袖扣和开衩等多个子模块和各项工艺细节,用户只需根据系统流程提示依次选择完并确认即可。在线搭配能实现虚拟设计 3D 试衣效果,提高量身定制消费体验,顾客可随意拖动旋转以查看感受定制服装上身后各个角度的效果,帮助顾客进行产品购买决策。

订单生成后通过专家知识的数字化纸样数据库系统智能生成纸样,并通过各项综合评价参数确认,以保障纸样在后期技术工艺制作上具有指导价值。数字化个性定制的各项系列工作均由计算机自动完成,且在初始样板生成后进行三维虚拟试衣,试衣效果经由顾客确认满意才可制作样衣,若不满意可重新对服装的设计模块进行选择设计,工作流程如图 1-11 所示。

(二)三维 3D 测量

传统的手工接触式测量方式通常需要有经验的定制师傅或经过专门培训的人员来操作,而测量者的专业程度将直接影响测量的效果,人体数据量的获取也比较有限,这正是制约传统定制实现大规模服装定制的局限性之一。而利用现代三维

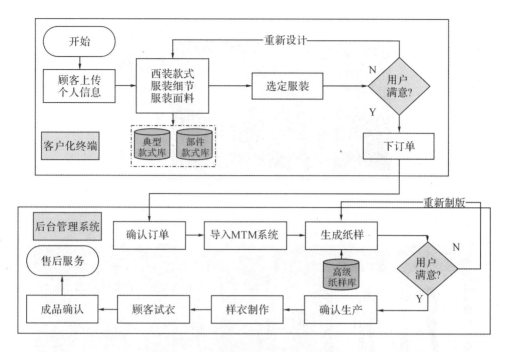

图 1-11 男西装数字化个性定制流程

人体扫描技术,通过先进的光学成像技术进行非接触式的全身扫描(见图 1-12),利用捕捉发射到人体表面的光所形成的图像,生成三维人体轮廓(见图 1-13),可以在 12 秒内准确地自动获取人体 145 种尺寸的精确数据,不仅节省人力物力,而且能够根据客户需求进行互动式尺寸采集(见图 1-14)。人体尺寸测量是个性化定制的关键,三维人体扫描技术及延伸出来的三维虚拟试衣系统、数据存储检索系统等智能化系统大大改善了男西装定制与体型的匹配问题,实现了数字化个性定

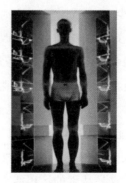

图 1-12 三维人体扫描技术

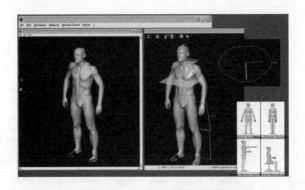

图 1-13　三维人体扫描数据转换过程

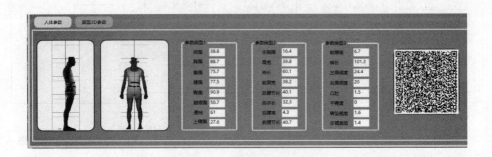

图 1-14　三维扫描人体数据

制、工业化自动生产,突破了传统手工量体的局限性,适用于当前的快节奏时尚和高效运营需求。

（三）定制人台模型

高级定制生产一套西装多达 350 多道烦琐的工序,即使是经验丰富的裁缝师全部手工缝制,至少也要花上 48 个小时才能完成。从沟通到提出制衣方案、制作白胚,从试穿白胚、确认面料到多次修改成衣,这一过程中繁复的制作流程带来高昂的制作费用和漫长的等待时间,顾客常常需要多次亲身去试穿,浪费宝贵时间。为了给顾客做出更加合身的衣服,提供更优质的服务,3D 测量仅需三步:扫描人体、数据建模、制作人台。3D 测量不仅能将顾客的身体数据更加精确、迅速而无接触地测量出来,还能将测量出来的三维人体体形通过先进的雕刻机 1:1 地复原出来(见图 1-15)。人台采用先进的 3D 扫描技术,专为需要快速、准确以及纹理扫描的客户量身定做。这一技术的运用能为幕后的裁缝师傅提供准确无误的顾客体型依据,减少了定制衣服的难度,提高了衣服的合身度,提高了顾客的满意度,扭转了

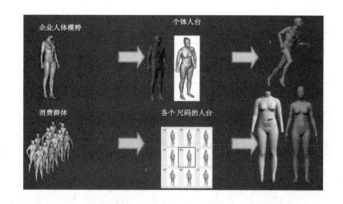

图 1-15 人台模型转换过程

定制行业的顾客信任危机,提高了定制行业在服装市场的占有量。

(四)数字化智能制造系统

数字化智能制造系统的工作流程为:用户通过三维扫描仪获取体型数据并由系统自动构建尺寸模型,然后用户通过三维试衣展示对款式设计和面料的选择做出满意判断,查看三维展示确认满意生成订单信息进入服装 CAD 设计系统,智能制版自动生成纸样,通过 3D 虚拟缝纫技术对样板进行标准判断,满意后进入自动裁剪系统,生成的所有数据均在 VPN 环境下的大数据库存储系统内交互。服装的数字化大规模定制的实现,在重要环节均应用自动化技术,主要是人体测量、服装设计、三维展示、智能制版、面料裁剪等技术。自动化、一体化的系统整合,使定制服装从初始的尺寸获取、款式设计到最后订单完成都使用计算机操作,全程自动化。从图 1-16 中可以看出,人体尺寸数据的自动有效获取,在数字化服装定制系统中占有非常关键的基础性地位。

三、服装数字化个性定制集成平台

(一)体系结构

数字化个性定制集成平台系统开发实际上是通过借助面向对象技术、组件技术和模板技术来实现个性化定制各子模块功能的重用和扩展,以提高定制企业系统产品网络化的开发效率。整个系统结构分为客户端系统、企业管理系统和平台支撑系统三大部分,也可以说是主要由人机界面和库系统组成的。

其中,人机界面又称用户界面、对话系统、人机接口等,它作为中间纽带连接人

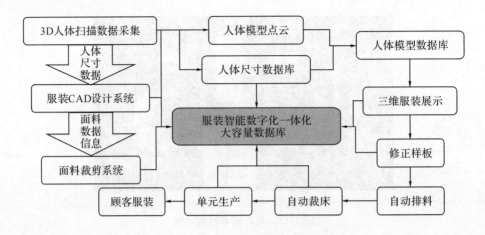

图 1-16　数字化智能制造系统工作流程

与系统,例如在用户端界面中它具体表现为顾客可直接对服装款式方案进行设计描述,包括量体尺寸的输入、传送、获取和运用,以及订单管理和综合评价等应用服务。库系统则由数据库系统、资料库系统、模型库系统、专家知识库系统和方法库系统等组成,提供定制流程中系统所需大数据资料,尤其是纸样设计生成环节的实现方法。因此,平台支撑系统是整个集成平台的底层架构,企业管理和客户端系统是供 WEB 客户使用的由平台动态而构成的子系统。在整个工作流程中,三大系统既保持相对独立,又通过容器会话机制实现人机交互,通过用户对各库进行操作和控制,把用户与数据库、模型库、知识库和方法库等联系在一起。本集成平台系统功能结构如图 1-17 所示。

(二)数字化个性定制集成平台三层架构

数字化个性定制集成平台是运用物联网的先进数字化技术,将传统的行业与最新的智能信息化技术相结合,基于服装行业的特色需求,打破传统纯手工制作的低效工作模式,从客人在门店接受量体开始,一直到最后成衣出厂,全程实现电子化、信息化、智能化系统管理。它包含门店业务管理、客户管理、三维量体技术应用、全自动出纸样子系统、工厂加工生产流程管理、物流配送管理、面料采购与成本分析子系统、售后顾客维护子系统、退赔维修管理、TPO 子系统、PDS 子系统、第三方数据接入系统等。

1. 客户端

客户端处于整个数字个性定制系统面向用户的最前端,用户登入页面进行相

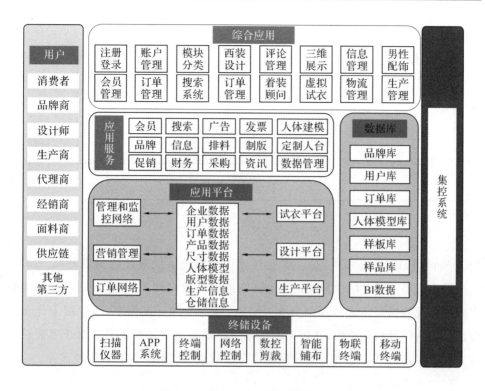

图 1-17　集成平台系统功能结构

关需求操作,客户端负责收集用户所需实现的功能及其相应数据,其本身并不具备实际的业务处理逻辑,只是通过传输将数据提交给业务层,经业务层处理完成后将结果再次反馈给用户。

2. 业务层

业务层包括订单生成到物流配送、售后的每一个环节,主要包括门店管理部、采购部、审核部、CAD 纸样部、生产部、售后维修部及数据维护中心(见图 1-18)。其中,门店管理部直接接触客户端信息,负责个体定制和团体定制业务管理,对顾客的全自动三维量体尺寸数据、服装款式自主组合结果(TPO、PDS)及面料甄选(PC、布板、iPad)数据进行优先处理并反馈;采购部、生产部、CAD 纸样部等负责订单制造生产的各个环节;数据维护中心对数据库进行统计分析汇总,并对系统平台进行开发管理、日常维护。

3. 数据层

业务系统的数据主要存放在关系数据库 Oracle 中,系统采用 MVC(Model-View-Controller)设计模型来实现:Trygve Reenskaug 提出 MVC 概念,并首先应

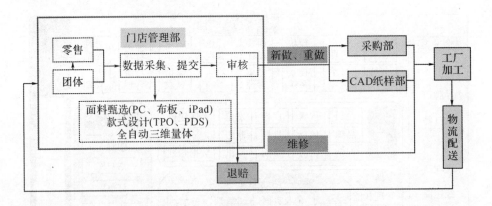

图 1-18 集成平台业务层架构

用于 SmallTalk-80 环境中,是许多交互设计和界面系统设计的构成基础。MVC是为那些需要为同样的数据提供多个视图的应用程序而设计的,其功能结构能够很好地实现数据层与表示层的分离。MVC 作为一种开发模型,通常用于分布式应用系统的设计和分析中,并用于确定系统各部分间的组织关系。对于界面设计可变性的需求,MVC 把交互系统的组成分解成模型、视图、控制器三种部件。

(三)系统数据流图

本系统以"数据中心"节点为中心,分布在全国各地的公司员工需在 VPN 环境下才能访问和使用,第三方数据接口建立在相互信任的密钥环境下方可互相交换数据(见图 1-19)。

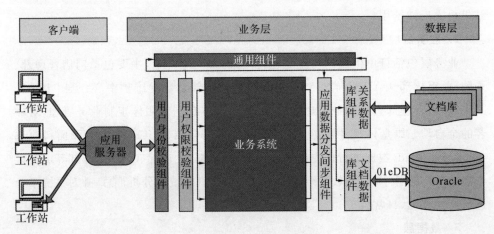

图 1-19 系统数据流图

四、结论及启示

在新工业革命下国家先后提出"中国制造2025"、"互联网＋"等战略,旨在通过智能制造拉动制造业发展。服装数字化个性定制集成平台通过其庞大的标准件库、常用零部件库、面料数据库、TPO数据库等进行产品设计,让客户体验到数字化量身定制服务,用3D测量仪和IT技术,结合传统的"拔、推、归"手工定制技术,推出3D"云定制"服务。通过雕刻顾客人体模型,自动裁剪出符合人体模型的服装,通过假缝,观察三维试衣及其设计效果。服装数字化个性定制集成平台缩短了产品生产周期,降低了生产成本,满足了消费者不断变化的个性化需求,更加直接面对用户需求设计产品,有效地提高了企业数字化制造服务水平。

新一轮工业革命浪潮的兴起展现出智能世界的前景,"中国制造"需要从要素驱动转变为创新驱动;定制企业应从生产型制造转变为服务型制造。通过加快新一代信息技术与定制产业的融合,加强数字化智能制造能力,搭建综合信息集成平台,完善供应链体系,促进产业转型升级。面对新一轮竞争态势,定制企业应积极迎接智能经济新时代,借助数字化信息技术形成"智能经济"以取代传统工业,传承工匠精神,将传统手工艺与先进的智能制造技术结合。重视"互联网＋"企业组织变革,提高管理水平和效率,利用信息产业技术改善与重构生产要素,深化定制企业组织变革。在集成平台的构建中,应正确理解技术与组织的关系,特别是互联网技术与消费者、合作者、供应商及企业员工的各种关系,深化技术结构和企业组织结构变革,使信息获取、处理、应用和传递高效便捷,并对生产方式、管理模式和组织机构进行相对应的调整变革,才能创新生产方式,提升资产质量和服务水平。

第二章 "互联网＋"C2M时尚商业模式重构

第一节 C2M诞生背景

一、工业4.0演变

工业革命是现代文明的起点,是人类生产方式的根本性变革。18世纪60年代到19世纪中期,第一次工业革命以蒸汽机为标志,即通过水力和蒸汽机实现工厂机械化,用蒸汽动力驱动机器取代人力,从此手工业从农业分离出来,正式进化为工业。19世纪后半叶至20世纪初,第二次工业革命以电力的广泛应用为标志,即在劳动分工基础上采用电力驱动机器取代蒸汽动力,从此零部件生产与产品装配实现分工,工业进入大规模生产时代。20世纪70年代开始并一直延续至现在,第三次工业革命以PLC(可编程逻辑控制器)和PC的应用为标志,即广泛应用电子与信息技术,使制造过程自动化控制程度进一步大幅度提高。从此机器不但接管了人的大部分体力劳动,而且也接管了一部分脑力劳动,开创了数字控制机器的新时代,使人机在空间和时间上可以分离,人不再是机器的附属品,而真正成为机器的主人,工业生产能力也自此超越了人类的消费能力,人类进入了产能过剩时代。未来,第四次工业革命将步入"分散化"生产的新时代(见图2-1)。工业4.0通过决定生产制造过程的网络技术,实现实时管理,即是以智能制造为主导的第四次工业革命或革命性的生产方法,其中包含了由集中式控制向分散式增强型控制的基本模式转变,目标是建立一个高度灵活的个性化和数字化的产品与服务的生产模式。工业4.0项目主要分为两大主题:一是"智能工厂",重点研究智能化生产系统及过程,以及网络化分布式生产设施的实现。二是"智能生产",主要涉及整个企业的生产物流管理、人机互动以及3D技术在工业生产过程中的应用等。

"工业4.0"是以智能制造为主导的第四次工业革命,涉及的关键技术为信息

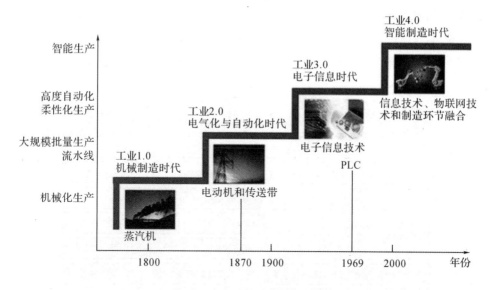

图 2-1 工业革命的发展历程

技术,包括协调联网设备间自动工作的物联网,基于网络大数据的运用,以及企业资源计划(ERP)、产品生命周期管理(PLM)、供应链管理(SCM)等业务系统的联动。通过充分利用信息通信技术、网络空间虚拟系统和信息物理系统(Cyber-Physical System,CPS)将生产中的供应、制造、销售信息数据化与智慧化,最后达到快速、有效、个性化的产品供应。通过围绕信息物理系统,在智能工厂和智能生产两大主题上实现进步,更好地满足个体用户需求、提高灵活性和优化决策来提升制造业竞争力,带有"信息"功能的系统成为硬件产品新的核心,意味着个性化批量定制将成为潮流。

(一)德国的工业4.0

工业4.0是德国于2013年在《德国高技术战略2020》中提出的国家发展战略,给德国企业明确了努力方向。工业4.0包含了由集中式控制向分散式增强型控制的基本模式转变,目标是建立一个高度灵活的个性化和数字化的产品与服务的生产模式。在这种模式中,传统的行业界限将消失,并会产生各种新的活动领域和合作形式。

德国工业4.0主要分为四大主题:一是"智能工厂",重点研究智能化生产系统及过程,以及网络化分布式生产设施的实现。二是"智能生产",主要涉及整个企业的生产物流管理、人机互动以及3D技术在工业生产过程中的应用等。该计划将特别注重吸引中小企业参与,力图使中小企业成为新一代智能化生产技术的使用者和受益者,同时也成为先进工业生产技术的创造者和供应者。三是"智能物流",主要通过互联网、物联网、物流网,整合物流资源,充分发挥现有物流资源供应方的效率,而需求方则能够快速获得服务匹配,得到物流支持。四是"智能服务"。如图 2-2 所示。

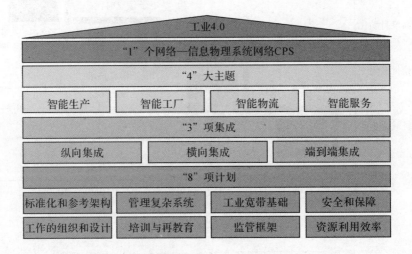

图 2-2 德国工业 4.0 战略的要点

（二）美国的 AMP 计划

美国联邦政府于 2011 年推出先进制造业伙伴计划（Advanced Manufacturing Partnership，AMP），该计划是基于美国总统科技顾问委员会（PCAST）的建议提出的。AMP 计划提出美国发展先进传感、控制与制造平台技术和可视化、信息与数字制造技术两大智能制造关键共性技术。其核心特征是:拥有互操作性和增强生产力的全面数字化制造企业,通过设备互联和分布式智能来实现实时控制和小批量柔性化生产,以快速响应市场变化和供应链失调的协同供应链管理,满足用户日益增长的个性化需求。通过产品全生命周期的高级传感器和数据分析技术来达到高速的创新循环,实现到 2020 年将智能软件和系统成本降低 80%～90%。

AMP 计划是以新一代信息和通信技术与制造技术的融合创新为基础,通过贯穿产品全生命周期的人、物和系统网络连接,实时获取企业内部及企业之间的数据,并进行分析和实时优化,形成动态、自组织和可实时优化的下一代制造系统。目前,美国已经形成了"三位一体"系统推进智能制造发展的格局。

（三）日本的机器人新战略

2015 年 1 月,日本政府公布了机器人新战略。该战略首先列举了欧美与中国在机器人技术方面的赶超,以及互联网企业涉足传统机器人产业带来的剧变。这些变化将使机器人开始应用海量数据实现自律化,使机器人之间实现网络化,物联网时代也随之真正到来。机器人新战略提出三大核心目标,即"世界机器人创新基地"、"世界第一的机器人应用国家"、"迈向世界领先的机器人新时代"。为实现上述三大核心目标,该战略制定了五年计划,旨在确保日本在机器人领域的世界领先地位。

日本经济产业省发布的《2012 年机器人产业市场趋势》报告显示,2035 年,日本机器人市场 50% 左右的订单来自服务业的需求,主要包括医疗护理、物流、教育、娱乐、家政等。而机器人新战略中将应用领域分为四大部分,即"制造业"、"服务业"、"医疗护理"、"公共建设",结合日本在智能产品的全球领先优势,通过机器人等终端设备获取未来商业需求的大数据并挖掘其价值形成生态圈。

日本的机器人新战略、美国的 AMP 计划和德国的工业 4.0 对比如表 2-1 所示。

表 2-1 机器人新战略、AMP 计划、工业 4.0 对比

类别	机器人新战略	AMP 计划	工业 4.0
发起者	日本国家机器人革命推进小组	智能制造领袖 SMLC、26 家公司、8 个生产财团、6 所大学和一个政府实验室	联邦教研部与联邦经济技术部资助,德国工程院、弗劳恩霍夫协会、西门子公司
发起时间	2015 年	2011 年	2013 年
定位	日本机器人大国地位	美国"制造业回归"的一项重要内容	国家工业升级战略第四次工业革命
特点	信息化和智能化的深度融合	工业互联网革命倡导将人、数据和机器连接起来	制造业和信息化的结合
目的	成为"世界机器人创新基地"、"世界第一的机器人应用国家"、"迈向世界领先的机器人新时代"	专注于制造业、出口、自由贸易和创新,提升美国竞争力	增强国家制造业竞争力
主题	人工智能技术	智能制造	智能工厂、智能生产、智能物流

续表

类别	机器人新战略	AMP 计划	工业 4.0
实现方式	通过智能控制系统,带动产业数字化水平和智能化水平的提高	以"软"服务为主,注重软件、网络、大数据等对工业领域的服务方式的颠覆	通过价值网络实现横向集成,端到端的数字集成横跨整个价值链、垂直集成和网络化的制造系统
重点技术	人工智能	工业互联网	CPS
实施途径	有具体途径	有具体途径	有部分具体途径

二、新工业革命下服装定制数字化趋势

中国服装行业面临严峻态势,各国推行"再工业化"战略以谋求技术领先、产业领先,其他发展中国家以更低劳动成本抢占劳动密集产业的制造业中低端,我国服装行业面临"前后夹击"双重挑战。成衣行业高库存、高成本致使产品难以溢价,各服装品牌纷纷转战定制市场,互联网技术的发展推动新兴网络定制品牌出现,目前网络定制已占据服装市场一定份额。但传统量身定制周期长,工艺技术要求高,在追求快时尚的现今社会发展受到多方面限制,"互联网＋"定制却无法满足特殊体型量身、顾客试衣等需求,因而也无法提供完全满足顾客需求的高品质服务。高科技互联网发展带来新一轮工业革命,服装传统定制紧抓机遇,通过对现有技术路线、生产组织方式和商业模式等的变革,向技术高端化、生产智能化、产品个性化、发展可持续化迈进。

新一代的信息技术纵深拓展和应用致使新工业革命产生,各信息技术交叉融合、集成、相互作用影响,并从根本上改变服装定制行业的商业模式、品牌与顾客互动模式及定制产品价值增值模式。服装定制行业创新驱动、转型升级应以智能化、数字化、网络化的核心技术为突破口和主攻方向,交叉融合各工程科学及信息技术,不断推动企业、制造系统、生产过程的数字化,实现数字化管理、智能化设计以及基于网络的体验式服务,这也成为当下服装定制发展的必然趋势。"互联网＋"高级定制实现人机连接,收集分析海量数据,通过软件技术和大数据分析、管理、应用,有效帮助企业经营决策,重构定制产业链。3D 测量技术、纳米技术、智能材料等创新为服装定制提供更好的物质基础,以新原材料、新工艺、新服务方式为顾客创造更好的购物体验。

三、国家政策引领

当前,新一轮科技革命和产业变革正在全球范围内孕育兴起,世界各国纷纷抢占未来产业发展制高点。发达国家加紧实施再工业化,发展中国家也在加速工业化进程,中国面临着发达国家先进技术和发展中国家低成本竞争的双重挤压,加快我国产业转型升级迫在眉睫。同时,要顶住经济下行压力实现稳增长,也必须在着力扩大需求的同时,通过优化产业结构有效改善供给,释放新的发展动能。制造业作为国民经济的重要支柱产业,是供给侧结构性改革的主战场。推进供给侧结构性改革是适应和引领经济发展新常态的重大创新。制造业走出了一条中国特色工业化的发展道路,已经具备了制造业强国的基础和条件,但也应清醒地认识到,中国虽然是制造业大国,但还不是制造业强国:一是自主创新能力不强;二是产品质量问题突出;三是资源利用效率低;四是产业结构调整刻不容缓,这四个方面都属于供给侧方面存在的问题。当前推进供给侧结构性改革,就是要以解决问题为导向,"中国制造2025"本身也是深入推进供给侧结构性改革的重要方面。新常态下形成中国经济增长新动力,形成经济发展新优势,推进供给侧结构性改革,重点在制造业,难点在制造业,出路也在制造业。

(一)"中国制造2025"

中国政府积极推进工业4.0工程,明确提出"制订'互联网＋'行动计划,推动移动互联网、云计算、大数据、物联网等与现代制造业结合"。"中国制造2025"的出台使我国紧随德国走向了"工业4.0"的时代,而全球制造业的格局也将重新调整。报告提出,要推进信息化和工业化的深度融合,从而加快构筑自动控制与感知、工业云与智能服务平台、工业互联网等制造新基础,既加强工业2.0、3.0"补课"的现实需要,也是实现工业4.0的客观要求。"中国制造2025"是实施制造强国战略第一个十年的行动纲领。"中国制造2025"提出坚持"创新驱动、质量为先、绿色发展、结构优化、人才为本"的基本方针,坚持"市场主导、政府引导,立足当前、着眼长远,整体推进、重点突破,自主发展、开放合作"的基本原则,通过"三步走"实现制造强国的战略目标:第一步,到2025年迈入制造强国行列;第二步,到2035年中国制造业整体达到世界制造强国阵营中等水平;第三步,到中华人民共和国成立一百年时,综合实力进入世界制造强国前列。围绕实现制造强国的战略目标,"中国制造2025"明确了9项战略任务和重点,提出了8个方面的战略支撑和保障,其将分两个阶段实施:第一阶段为2015到2020年,全面推广数字化网络技术的应用,部分行业和企业开展智能化技术试点和示范;第二阶段为2020到2025年,大力推进网络化、智能化技术的应用,着力推动"智能一代"机械产品创新工程。如表2-2所示。

表 2-2　中国制造 2025

名称	中国制造 2025
发起者	工信部牵头,中国工业院起草
发起时间	2015 年
定　位	国家工业中长期发展战略
特　点	信息化和工业化的深度融合
目　的	在 2025 年迈入制造业强国行列
主　题	"互联网＋"、智能制造
实现方式	通过智能制造,带动产业数字化水平和智能化水平的提高
实施进展	规划出台阶段
重点技术	制造业互联网化
实施途径	已提出目标,没有列出具体实施途径

制造业是国民经济的主体,是实施"互联网＋"行动主战场,将制造业与互联网融合,构建新业态、新模式、新产品。当前,以新一代信息技术与制造技术深度融合为特征的智能制造模式,正在引发新一轮制造业变革。从生产手段上看,数字化、虚拟化、智能化技术将贯穿产品的全生命周期;从生产模式上看,柔性化、网络化、个性化生产将成为制造模式的新趋势;从生产组织上看,全球化、服务化、平台化将成为产业组织的新方式。

（二）供给侧结构性改革

在经济新常态下,经济存在继续稳步增长的动力,但仍面临着制约发展的瓶颈,如部分产业的产能落后和绝对过剩以及供应和需求双方的错位失衡等。供给侧结构性改革是我国经济发展进入新常态的必然选择,其核心要素是增强供给侧对需求变化的适应性、提高供给体系的适宜性和有效性,逐步消灭盲目生产,加大有效供给和中高端供给,满足消费者差异化的个性需求。所以,供给侧结构性改革要从提高供给质量出发,用改革的办法推进结构调整,矫正要素配置扭曲,扩大有效供给,提高供给结构对需求变化的适应性和灵活性,提高全要素生产率,更好满足广大人民群众的需要,促进经济社会持续健康发展。一直以来,投资、消费、出口是中国拉动经济增长的"三驾马车",这属于"需求侧"的三大需求。而与之对应的是"供给侧",也就是生产要素的供给和有效利用,即从生产供给端入手,打造经济发展的新动力。目前,中国已进入中等偏上收入水平国家,需求出现了新升级,只有产业结构跟进,现代服务业和高端制造业加快发展,将产能严重过剩行业加快出清,才能形成新的核心竞争力。如图 2-3 所示。

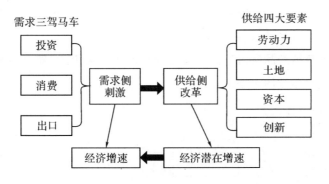

图 2-3　需求侧三驾马车与供给侧四大要素

顺应供给侧改革,加快服装产业转型升级,向服装个性化定制方向转型,需结合自动化、信息化、"互联网＋"进行重新构造,将以往的注重价格的消费取向转变为更加注重质量的消费取向。以消费者为中心,供给侧的改革正在成为中国零售业转型的主要方向。统计数据显示,到 2020 年中国富裕阶层家庭数量将达 1 亿,贡献 1.5 亿美元的消费增量;2005 到 2010 年,私人消费对 GDP 的增长贡献仅有32%,而在 2010 到 2015 年这个数据攀升至 41%。更有依附消费升级趋势的大众服装定制市场,在 2016 年达 1022 亿元,并预计这一数据在 4 年后将达到 2000 亿元,可见新兴的大众服装定制已经开始成为驱使整体服装市场向前的动力源。如何实现供给侧结构性改革? 其中一条实现路径是 C2M（Consumer to Manufactory）模式。C2M 模式即是消费者到制造商,是一种基于互联网对产业的渗透,通过无缝打通客户需求和生产设计制造,达到两者相互促进和补充的供需关系。C2M 模式实现了成规模、高效率、低成本、符合客户个性化需求的柔性化"供给侧改革"。

四、长尾理论

长尾理论是网络时代兴起的一种新理论,由于成本和效率的因素,当商品储存、流通、展示的场地和渠道足够宽广,商品生产成本急剧下降以至于个人都可以进行生产,并且商品的销售成本急剧降低时,几乎任何以前看似需求极低的产品,只要有卖都会有人买。这些需求和销量不高的产品所占据的共同市场份额,可以和主流产品的市场份额相当,甚至更大。长尾这一概念是由《连线》杂志主编克里斯·安德森(Chris Anderson)在 2004 年 10 月的"长尾"一文中最早提出,用来描述诸如亚马逊和 Netflix 之类网站的商业和经济模式。长尾理论是指只要产品的存储和流通的渠道足够大,需求不旺或销量不佳的产品所共同占据的市场份额可以和那些少数热销产品所占据的市场份额相匹敌甚至更大,即众多小市场汇聚后可产生与主流相匹敌的市场能量。如图 2-4 所示。

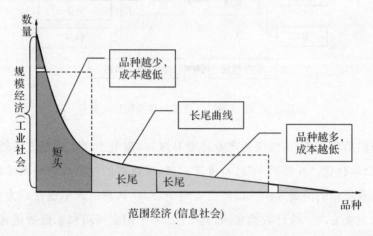

图 2-4　长尾理论

随着社会经济的不断提高、科学技术的不断进步,消费者对于服装的要求越来越高,多元化、个性化需求日益凸显。为了满足消费者的需求,市场上提供的服装产品种类越来越多,服装多元化发展趋势迅猛。服装之所以能够朝着多元化方向发展,这与消费者生存环境的改变、自身需求和企业供给能力是密不可分的。互联网汇聚了分散的个性化需求,互联网不仅降低了企业间的协作成本,也降低了企业与消费者之间以及消费者之间的协作成本,不同的交流方式,使消费者的互动成本大大降低。这种协同成本的普遍下降,使得互联网和电子商务可以更容易地汇集、整理那些零散分布的个性化需求,实现与企业的有效对接,并使之成为对于企业而言可观的生意。通过低成本的产品和少量可能的无限需求的迅速连接,使需求曲线向尾部移动。热门主流产品的"短头",以及聚合起来的非热门利基产品形成了"长尾","长尾现象"将消费者从需求曲线的"头部"移到"尾部"。

移动互联网的本质就是碎片化,即将资源的碎片化和用户需求的碎片化连接起来。在 C2M 模式下用户可以在移动互联网购物平台提交自己的个性化产品需求,使得规模巨大但同时相互之间割裂的、零散的消费需求整合在一起,以整体、规律、可操作的形式将需求提供给供应商,从而将"零售"转化为"集采",这样能够大幅提高工厂的生产效率和资金周转,价格因而又有了一个巨大的下调空间。C2M 商业模式通过聚集客户订单,即将众多小市场汇聚成可与主流相匹配的市场能量。

五、消费升级

(一)马斯洛需求层次理论

马斯洛需求层次理论是行为科学的理论之一,由美国心理学家亚伯拉罕·马斯洛于 1943 年在《人类激励理论》中所提出。马斯洛需求层次理论把需求分成生理需求、安全需求、社会需求、尊重需求和自我实现需求五类,依次由较低层次到较高层次排列,每一个需求层次上的消费者对产品的要求都不一样,即不同的产品满足不同的需求层次。互联网的普及直接或间接地影响着消费者的生活,消费动机趋于多样化,其生活追求形成了"基本追求"转向"自我满足追求"的变化过程。在基本生活需要得到满足之后,消费者从追逐潮流、显示个性,到体现品位、追求自我满足。心理追求逐步向高层次发展,消费者的购买行为以"尊重需求"和"价格品质"为诉求点,消费者在使用产品的同时也注重是否能得到相应的个性化需求。

马斯洛需求层次理论将消费群体趋于细化,在满足基本需求后转向更高层次的自我实现需求转变,开始追求个性化和情感需要。C2M 商业模式以"生理需求"为切入点,使消费者在满足基本生活之后,满足消费者的个性化需求,从而达到"生理需求"与"自我现实需求"的结合,如图 2-5 所示。C2M 商业模式提升了消费者

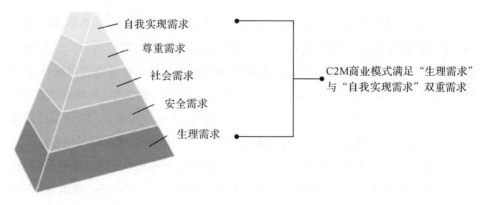

图 2-5 马斯洛需求理论

需求最显著的尊重需求和自我实现需求,准确地把握消费者的行为特点,达到产品服务的最优化。

(二)消费需求多样化个性化

首先,随着消费水平和消费结构不断升级,人们对衣、食、住、行都提出了更高的要求。居民消费水平以每年 10% 以上的增速不断提升,对个性化、品牌化、差别化的追求日益明显。消费者需求定制化、精细化变革趋势如图 2-6 所示。

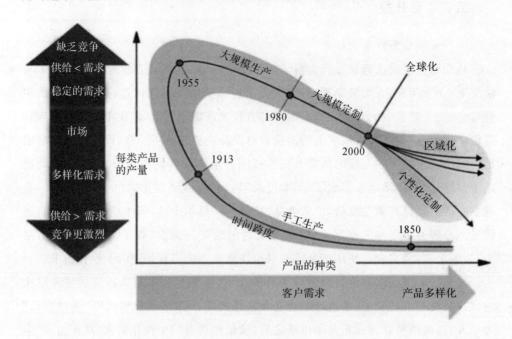

图 2-6　消费者需求定制化、精细化变革趋势

首先,消费结构升级,追求体验式消费。研究数据显示,富裕群体和阶段在 2010 年的时候只占人口数量的 7%,2015 年已占 17%,到了 2020 年这个比例将提升到 30%,城镇化的结果将导致这部分群体逐年增加。这类群体的消费额在 2010 年的时候只占消费总额的 20%,到了 2015 年已占 40%,到 2020 年将占到 55%。这类消费者注重体验和品质,对生活质量要求更高,不仅要求商品"能用",还希望商品"好用",甚至能带来"享受",重视服务的效率和透明的价格等商品信息。

其次,消费习惯改变,追求私人定制和高性价比。80 后、90 后、00 后等"新世代"消费群体将成为未来消费市场的主导力量。数据显示,2015 年"新世代"占城镇人口的比重是 40%,2020 年将达到 45%,消费比重 2015 年是 46%,2020 年将达到 53％。这类群体有四大特点：年轻化、个性化、去品牌化、理性化。在消费上体现为喜欢私人定制和注重高性价比，喜欢货比三家，也愿意分享购物体验。这类群体更喜欢有"温度"的产品，更加注重与产品之间的情感"连接"，高性价比意味着追求产品的物美价廉。消费结构升级和消费习惯改变，对新消费提出两大需求：一是要有线下的"消费场景"（Consumer Scene），提供体验式消费和定制化服务；二是产品高性价比，即品质卓越、价格合理、服务高效。

C2M 使消费者拥有更大的话语权和主导权，消费者正逐渐成为产品全生命周期过程真正的决策者和参与者，这种服务体验已经从消费者参与产品定义，整个制造过程可视化，逐渐发展到个性化售后服务的全链条。以消费者为中心，将逐渐取代以厂商（制造）为中心。厂商以把握和理解消费者需求为核心，并尽可能地与消费者互动，把消费者引入生产和设计过程中来，同时也大力变革自身的供应链与内部管理。因此，需求引领 C2M 的商业模式，预示人人是设计师，人人是消费者，人人是经营者的全新商业文明即将到来。

第二节　C2M 商业模式

一、C2M 的定义及特点

（一）C2M 的定义

C2M，又称"短路经济"，可简单概括为"预约购买，按需生产"。它的业务逻辑是：工厂直连消费者，砍掉流通加价环节，最大限度去中间化。C2M 的概念是从"大规模定制"这个概念衍生而来的，而"大规模定制"最为典型的便是戴尔公司的模块化装机下单，通过采用零部件标准化、按订单装配，借助网络直销，使其市场占有率剧增。

（二）C2M 去中间化

传统模式使商品通过层层环节才能最终到达消费者的手中。C2M 商业模式减去渠道商的总代、区代和批发终端以及减去零售商中的专卖店、连锁店、百货商场等不必要环节，直接由工厂到终端消费者，使顾客能与制造商、设计师实现直接的连接，能为顾客提供优质平价、性价比高、个性化且专属的产品。C2M 商业模式颠覆了传统的供应链思维，其由用户需求驱动生产制造，通过嫁接互联网实现了先销售、再生产的模式。将中间商渠道转向直接面对客户,产品形态由固定化、同质化、大批量低频次生产方式向定制化、小批量、高频次转变,利用"互联网＋"制造业模式从低毛利同质化转向高毛利高用户体验。

传统商业模式与 C2M 商业模式比较如表 2-3 所示。

表 2-3　传统商业模式与 C2M 商业模式比较

比较项	传统商业模式	C2M 商业模式
企业战略制定	依靠企业过往经验,被动式	基于大数据、按需生产,主动式
产品形态	固定化、同质化、大批量、低频次	定制化、小批量、高频次
销售渠道	中间商渠道为主	直接面对客户为主
研发灵感来源	设计人员、过往经验	大数据分析、用户参与为主
商业模式	传统制造业	"互联网＋"制造业模式
竞争力	低毛利、同质化、红海	高毛利、高用户体验、蓝海
企业与市场的互动	依赖调研机构、低频化、小样本、长周期	直接对话客户、高频次、大数据、实时
库存压力	原料积压、成品积压、渠道压货、产能过剩、不确定市场需求	按需生产、成品零库存、大大降低合理原料安全库存
资金压力	经销商账期及应收压力,大量库存占用资金	客户直接打款到厂家,低库存资金、压力小

(三)C2M 满足消费者个性化定制

在"工业 4.0"信息系统支持下,工厂接收到消费者的个性化需求订单,根据需求组织设计、采购、生产和发货。在这种模式下,将割裂的、分散的消费者需求集中起来,转化为标准化的、可执行的小批量消费者需求反馈到工厂,按需生产、"量体裁衣",将"零售"转变为"集采",让消费者以最低的价格买到高品质、可定制的产品。C2M 最大限度地迎合了电子商务去中间化的趋势,为 C 端消费者带来售价更低的商品。

二、C2M 诠释"互联网＋"

(一)传统制造商告别微笑曲线

在传统制造业时代,根据"微笑曲线"原理,只要把"设计研发端"或"销售与服务端"做到位,企业的竞争力就能够确立。在"互联网＋"时代,一个重要的变化就是"微笑曲线"将会变平。处于"微笑曲线"中最低附加值的"制造端"将由于智能化生产时代的到来变得与"设计研发段"、"销售与服务端"同等重要。可以预见,制造能力智能化会促进设计研发和营销服务两端的竞争力提升,定制化时代即将到来。在传统商业模式中,工业制造一直处于整个"微笑曲线"的最底层,收益与付出不成正比。在全球制造业数字化转型的背景下,充分利用工业互联网、工业大数据、工业云、人工智能等新一代信息网络技术的全方位渗透与融合,创新生产方式、组织方式、商业模式、价值链分布和竞争战略,摆脱在全球制造业价值链分布中的低端位置,实现由"微笑曲线"到"武藏曲线"和"数字化曲线"的根本性反转。C2M 工业供给平台彻底颠覆了传统制造业"微笑曲线",将"微笑曲线"反转,工业制造处在最上面。去掉所有中间环节,直接对接消费者,而且通过柔性制造提供个性化产品,有助于工业制造的利润提升,有利于消费者用较低价格买到厂家直销的个性化定制产品。

(二)互联网拉近消费者与生产商的距离

互联网时代改变了消费者的生活习惯,也改变了消费者与企业的角色,使得两者角色互换。消费者对时尚的差异化与个性化需求越来越大,更多的消费者希望追求独特性与个性化。传统品牌销售商品给消费者时通过各种流通手段,使逐层的成本与利润都由消费者承担,因此消费者承担的价格往往比商品成本高很多。虽然大部分消费者追求产品体验多于对品牌的追求,但同样的商品在品牌与价格中比较,价格依旧是主流消费者的选择。

传统供应链在很大程度上是一种核心厂商主导的、以降低成本为导向的、协作范围相对有限的线性供应链。由于供应链天然的社会化协作属性,使得这种供应链形态正面临着如何"互联网化"的巨大挑战,也就是如何让供应链各个环节在互联网上"跑起来"。随着网购发展成熟,消费者需求可以通过平台的聚集再销售给用户,效率高、节省大量中间成本,让价格有可调空间。消费者需求驱动工厂有效供给,这个模式的改变不仅是企业在市场、营销、设计、研发方面,也对供应链方面做出改变。C2M 商业模式能去除中间环节,搭建互联网平台,缩短消费者与生产商的距离。

(三)云计算和大数据支撑起个性化营销

借助个性化推荐、大数据挖掘、SNS 营销等手段,企业可以快速接近个性化营销。互联网与大数据让企业获得了高性价比、高效率的个性化营销手段,并能够由此直达无数分散化的、个性化的消费需求,进而使之聚合为具有一定规模、能够支持个性化的细分市场,而消费者也可以由此向企业表达个性化需求或以不同形式参与到定制的各个环节中去。

第三节　C2M 的多维产业形态

　　伴随着制造成本越来越高、利润逐年降低、库存压力剧增,近年来,我国服装行业集体陷入困境,为了转型自救,传统服装业纷纷涉足电商,但在竞争日益激烈的当下,电商也不是所有传统行业的救命稻草。尤其是对服装行业来说,B2C 模式的电商形态依然无法解决库存压力。C2M 是一种反向定制的新型电子商务模式,消费者通过电子商务平台反向订购,用户订多少,工厂就生产多少,消灭了工厂的库存成本,工厂的成本降低了,用户购买产品的成本自然也随之下降。现在 C2M 模式越来越多,产生了不同的平台,具体分为四大类:传统制造企业转型、IT 公司转型、第三方平台以及垂直类平台转型 C2M 电商平台。不同类别的平台转型,所具备的优势各不相同。第一,传统制造企业转型 C2M 电商平台,例如红领及报喜鸟,本身具备传统的加工制造能力,生产水平高,产品质量好,通过产品工艺能力驱动 C2M 商业模式的发展。第二,IT 公司转型 C2M 电商平台,例如必要及网易严选,本身具有互联网基因,具备渠道引流能力,能加快用户的转化率,以互联网技术驱动 C2M 电商平台的发展。第三,第三方平台转型 C2M 电商平台,以个性化定制及量体服务驱动 C2M 电商平台的发展,例如凡匠定制及拇指衣橱。通过城市运营与量体师结合的模式,方便用户之间加强联系,构成品牌传播效应,形成二次吸引流量。第四,垂直类企业转型 C2M 电商平台,例如量品衬衫及奥康集团,只做单品类产品,将垂直产品做到极致,突出垂直产品,将其单品类竞争优势与定制结合驱动 C2M 电商平台的发展。

一、传统制造企业 C2M 电商平台

(一)红领模式

　　青岛红领集团(现名为酷特智能股份有限公司)成立于 1995 年,是一家以生产西装为主的服装生产企业,2003 年之前红领集团一直为欧美市场做代加工生产,之后开始转型大规模定制,打造单件生产的柔性生产线。其发展历程如图 2-7 所示。2003 年以来,红领集团从 ERP、CAD、CAM 等单项应用到各个环节综合集成,进行工厂内部信息化改造及互联网融合创新,用数据驱动颠覆了原有渠道驱动的商业模式,用工业化手段实现个性化定制,满足了大规模定制的需求,有效解决

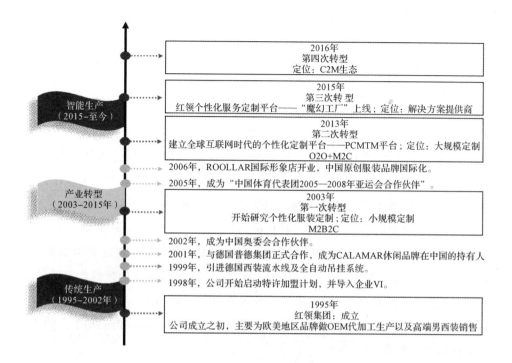

图 2-7 红领集团发展历程

了产品周期长、质量和产量难以有序控制的问题,打造了下单、生产、销售、物流与售后一体化的开放式互联网定制平台 RCMTM。红领模式是"消费者需求"直接驱动制造企业有效供给的电商平台新业态,以满足消费者需求为中心的"源点论管理思想"和组织形态,创建了一套大规模个性化定制的彻底解决方案,为服装产业转型提供了一个新的思路。红领服装定制供应商平台,使传统产业深层融入科技,将服装定制的数字化、全球化、平台化变成现实,把复杂的定制变成简单、快速、高质、高效的大规模定制,实现七个工作日即可交付成品,一次性满足客户的个性化需求。该模式真正实现了服装全定制、全生命周期、全产业链个性化定制的全程彻底解决方案。红领定制平台使企业设计成本减少了 90% 以上,生产周期缩短了近50%,库存逐步减少为零,经济效益提升数倍。

1. 转型升级

红领集团成立至今,已成功实现从 OEM 到大规模个性化定制的转型。2015年红领集团获得复星集团 30 亿元战略投资,并完成了由天鹰资本主导的新一轮 2亿元人民币注资,年营业额超过 10 亿元。2011 年,红领集团正式将 C2M 商业生态作为酷特智能的核心战略。消费者在终端提出个性化的需求,省去过去的所有中间环节,消费者直接对接工厂,由工厂来满足每一个消费者的需求,专注于个性化定制。其选择美国纽约为实验市场,经历了十几年的不断尝试,红领集团的大规模个性化定制模式的产能从一天只生产一套服装提高到一天生产 3000 套款式各异的服装。到 2016 年,红领已经实现大规模个性化生产,并致力于打造智能制造 C2M 商业生态圈。这一过程中红领集团大致经历了以下三个阶段。

(1)传统生产时期。从 1995—2002 年红领集团一直从事欧美市场 OEM 代加工生产,并经营高档男西装销售,在 1999 年与德国休闲男装品牌普德森合作,获得特许经营。这一阶段主要以大规模生产和 OEM 代加工为主要经营模式。

(2)产业转型阶段。从 2003 年开始,红领集团一直专注研究个性化定制。2003 年公司启动 ERP 项目,并建立自己的物流中心,到 2013 年红领借助信息科技,经过十年验证历程,数亿元资金投入,成功推出互联网时代的个性化定制平台、全球服装定制供应商平台,成功建立了公司特有的面料数据库、版型数据库、尺寸数据库、人体数据库、款式数据库、工艺数据库,最后建成了以数据驱动生产的大规模个性化生产系统。

(3)智能生产阶段。红领集团在 2014 年推出手机 APP 魔幻工厂,实现个性化流水线设计。运用互联网技术和云计算,借助于大数据构建 C2M 个性化定制平台,将顾客需求数据转变成生产数据,进行生产流程改造,实现大规模个性化生产,建立了客户订单提交、产品设计、生产制造、采购营销、物流配送、售后服务一体化的开放性互联网平台。世界各地的客户在平台上提出个性化需求,平台以数据驱动自主运营的智能制造工厂,生产出满足客户个性化需求的产品。平台可实现设计、制造、直销与配送一体化流程,形成一个消费者和生产者可直接交互的智能系统,打造了工商一体化的 C2M 智能生态圈。

2."互联网十"服装定制

红领集团借助互联网搭建起消费者与制造商的直接交互平台,去除了商场等中间环节,从产品定制、设计、生产、物流到售后,全程依托数据库驱动和网络运作。以"互联网十"私人定制的模式,借助现代科技和理念创新,在保证卓越品质的前提下,实现了对传统私人西服定制的颠覆。传统服装的生产模式是批量化生产,产品同质化严重。红领定制则是根据个人不同的身体尺寸和个性化需求,通过 PC 端或移动端下单,利用"数据驱动的 3D 打印模式产业链"实现服装产品以产定销、利润高、无库存的生产。

2012年以来,中国服装制造业订单快速下滑,大批品牌服装企业遭遇高库存和零售疲软,企业经营跌入谷底。红领集团却通过大规模个性化定制模式,迎来高速发展时期,定制业务年均销售收入、利润增长均超过150%,年营收超过10亿元。在传统概念中,定制与工业化是相互冲突且矛盾的,传统西装高级定制意味着高级裁缝通过手工量体、手工打版、手工缝制,还要经过不断修改、试样、再修改的漫长过程,才能实现定制,且在国外很多高级西装定制都需要花费数月甚至一年的时间才能完成,意味着传统定制的门槛高、起点高、成本高,很难实现量产。

为了满足当下消费者个性化的需求,红领经历十多年的不断积累与尝试,实现了定制西装的大规模生产,建立了个性化定制RCMTM平台,研发了一套通过信息技术把工业生产和定制相结合的大规模定制服装生产系统,实现了全程数据驱动。通过自动排单、自动裁剪、自动计算并整合版型等,将交货周期、专用设备产能、线号、线色、个性化工艺等编程组合,以流水线生产模式制造个性化产品。消费者可以采取网络下单,也可以使用传统的电话下单等,在下单前顾客需要将基本信息和量体数据录入系统。为了实现量体的标准化,红领开发了"三点一线"坐标量体法,量体师只需要找到肩端点、肩颈点跟第七颈椎点,并在中腰部位画一条水平线,采集身体22个数据便可完成量体。提交订单并付款后,顾客所选择的西装款式便自动通过互联网系统进入CAD自动生成版型纸样,一秒钟时间内可以自动生产20余套西装制版。在传统西装定制中,一名版型师一天最多只能打两个版。经过十多年发展,红领积累了全球300多万顾客的数据和版型,建立了一个标准数据库,从而实现了版型生成后系统进行自动裁剪、自动匹配流水线等智能化生产流程。红领互联网定制模式如图2-8所示。

(二)智能化数据驱动大规模个性化定制

红领的智能化改造实质上整合了美国3D打印的逻辑、德国工业4.0概念、大数据驱动技术、信息化与工业化深度融合等,搭建了一个开放式互联网定制平台,取代了传统的品牌商、代理商、商场的作用,直接实现消费者与红领集团的连接。这种定制化模式成功的原因:一是获取22个数据就能实现版型的自动匹配,这主要依赖于强大的数据库系统。红领建立了自己的版型、款式、工艺等多个大数据库,可以用较短的时间实现精准的服装打版制作。二是多途径采集消费者的个性化数据,包括线下门店采集、上门采集、线上PC端采集或APP采集,红领还研发了属于自己的量体方法,即在19个部位测量22个数据,在其平台输入,便可自动配比版型。红领采用数字化智能工厂,以"两化融合"为基础,通过对业务流程和管

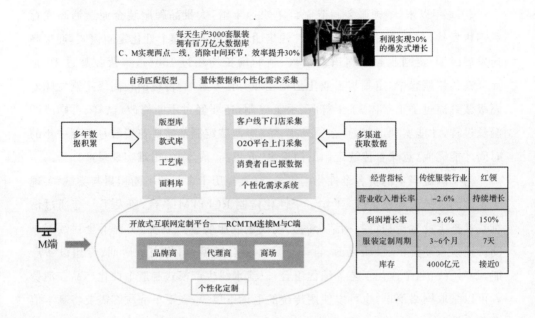

图 2-8 红领互联网定制模式

理流程的全面改造,建立柔性和快速反应机制,实现了产品多样化和大规模定制生产,实现了个性化手工制作与现代化工业大生产协同的战略转变,既满足了客户的个性化需求,又保证让企业受益。如图 2-9 所示。

1. 运用信息技术,实现跨境电子商务的无缝对接

红领通过对跨境电子商务贸易模式的积极探索,建立了成熟的具有完全自主知识产权的个性化服装定制全过程解决方案,从产品定制、交易、设计、制作工艺、生产流程、后处理、支付,到物流配送、售后服务全过程达成数据化驱动跟踪和网络化运作。顾客对需求的个性化定制产品,可直接通过平台提交,实时下单,工厂通过平台接受订单,以客户需求为中心开展生产。红领自主研发产品,实现全流程的信息化、智能化,把互联网、物联网等信息技术融入大批量生产中,在一条流水线上制造出灵活多变的个性化产品。将需求转变成生产数据、依托智能研发和设计、智能化计划排产、智能化自动排版等智能化系统,形成以数据驱动的价值链协同、生产执行、质保体系、物流配送及完全数字化客服运营体系。红领目前积累了上千万服装版型数据,数万种设计元素点,能满足无数种设计组合,自主研发了量体工具和量体方法,采集人体 19 个部位的 22 个尺寸,并采用 3D 激光量体仪,实现人体数据在 7 秒内自动采集完成,解决了与生产系统自动智能化对接、转化的难题。输

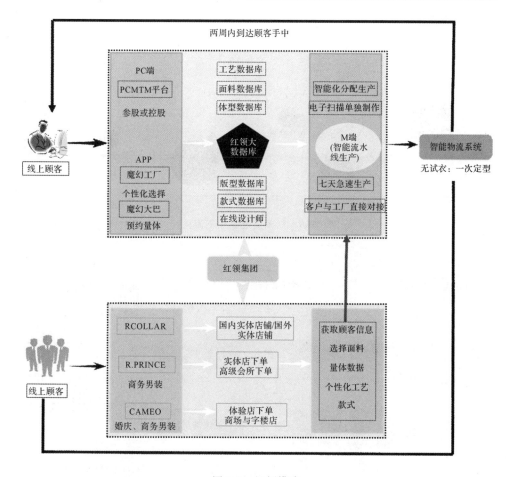

图 2-9 红领模式

入用户体型数据,就能驱动全系统内数据的同步变化,能够满足驼背、凸肚、坠臀等 113 种特殊体型特征的定制,覆盖用户个性化设计需求。如图 2-10 所示。

2. 运用数据库技术,实现定制产品的规模生产

红领集团积累了海量的服装知识库,包括版型、款式、工艺等数据库,满足了消费者对个性化西装设计的需求(见图 2-11)。客户只需要登录平台,就可以根据自己的喜好进行 DIY 设计,利用数据库自由搭配组合,迅速定制出适合自己的个性化产品。消费者定制需求通过 C2M 平台提交,系统自动生成订单信息,订单数据进入红领自主研发的版型数据库、工艺数据库、款式数据库、原料数据库进行数据建模,C2M 平台在各生产节点分解任务,以指令推送的方式将订单信息转换成生产任务并分解推送给各个工位。在生产过程中,每一件定制产品都有其专属的电

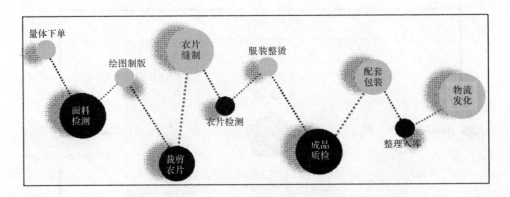

图 2-10　红领全定制加工流程

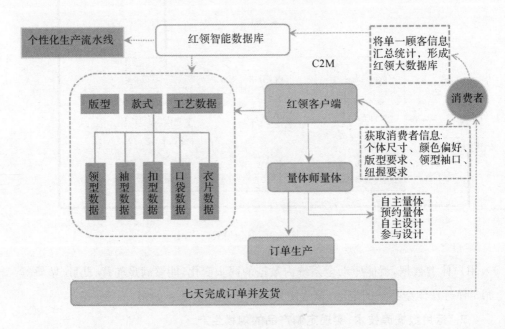

图 2-11　数据驱动的智能工厂

子芯片,并伴随生产的全流程。每一个工位都有专用终端设备,从互联网云端下载和读取电子芯片上的订单信息。通过智能物流系统等,完成整个制造流程的物料流转。通过智能取料系统、智能裁剪系统等,实现个性化产品的大流水线生产。

3. 运用 3D 打印逻辑,实现数字化工厂柔性生产

"红领模式"运用 3D 打印的思维逻辑建设数字化工厂,将整个企业视为一台完全数据驱动的"3D 打印模式工厂"(见图 2-12)。红领定制采用 3000 人的工厂为

实验,利用国外 3D 打印的概念,将红领工厂与大数据、云计算技术相结合,从而实现服装大规模个性化定制。工厂的订单信息全程由数据驱动,在信息化处理过程中没有人员参与,无须人工转换与纸质传递,数据完全打通、实时共享传输。所有员工都是从互联网云端获取数据,在各自的岗位上接受指令,按客户需求操作,依照指令进行定制生产。其利用互联网技术实现客户个性化需求与规模化生产制造的无缝对接,员工真正实现了"在线"而非"在岗"工作,确保来自全球订单的数据库零时差、零误差地传递(见图 2-13)。与传统手工定制相比,红领定制的整个生产流程共有 298 道工序,由于实现了数据系统和流水线的结合,红领的生产效率大大提升,生产成本下降了 30%,设计成本下降了 40%,原材料库存减少了 60%,生产周期缩短了 40%,产品储备周期缩短了 30%。

4. 运用物联网技术,实现生产与管理集成

网络设计、下单、定制数据传输全部实现数字化,每一件定制产品都具有其专属芯片,该芯片伴随产品生产的全流程,每一个工位都有专用终端设备下载和读取芯片上的订单信息,利用信息手段,快速、精准传递个性化定制工艺,确保每一件定制产品被高质量、高效率制作完成。经过三个阶段的不断优化升级,红领将线上MTM 平台、手机 APP 平台、魔幻移动大巴、3D 打印工厂、物流系统融会贯通,实现了现代化快速定制。顾客可以选择门店下单、APP 下单、PC 端下单,下单时可以选择与设计师共同设计款式、面料细节或者根据系统的现有款式、面料推荐自行设计,在设计完成后,进行预约量体,魔幻移动大巴会提供上门服务。顾客可以体验到魔幻移动大巴 3D 测量服务,量体完成后系统会将顾客的量体信息以及个性化需求信息传输到生产后台,智能生产端会对顾客信息进行存储并有效匹配相应面料、版型及流水线,完成单件服装制作,7 个工作日后,工作人员会将产品送到顾客手中,并完成此次订单。

(三)红领运营模式与传统运营模式对比

与传统定制方式相比,红领的生产方式在生产、库存、投资、客户上都有很大的差别,同样是对传统模式的优化,红领模式将设计、制造和销售整合在一起,消费者与制造企业直接沟通,消除中间所有环节,形成一个完整的价值链再造,无论是研发、制造、物流还是服务都发生了根本性的转变,颠覆了传统服装企业的商业规则和经营模式。传统服装企业的业务流程大致可以归纳为产品设计、原材料采购、仓储运输、生产制造、订单处理、批发经营、终端零售七个环节。在工业化定制阶段,红领所有业务紧紧围绕客户订单开展,利用客户需求数据组织资源,并制订相应的

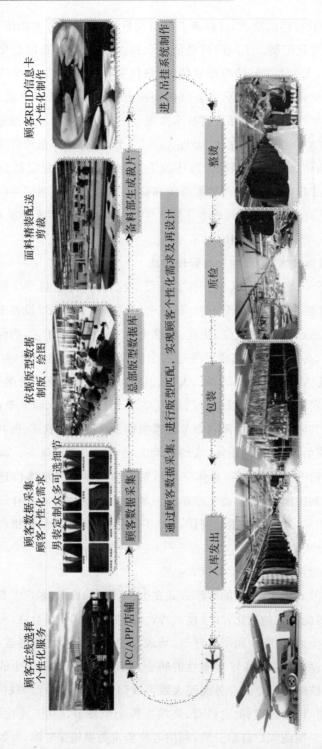

图 2-12 红领 "3D打印" 工厂制作流程

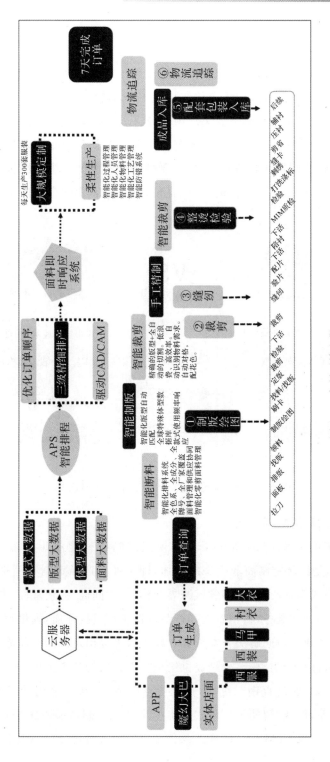

图 2-13 定制下单流程

生产和配送计划。因此,在 MTM 模式下,红领集团的业务流程转变为订单处理、产品设计、原料处理、产品生产、终端零售五个环节,大大减少了服装生产周期,提高了服装的成交率。"红领模式"相较于传统服装生产模式,在生产上通过客户参与设计、先销售后生产的方式解决了传统模式下产品单一、高库存的困境;通过互联网实现客户直接对接工厂的方式去除中间商、代理商,使产品的零售价从成本的5~10 倍降至 2~3 倍;通过生产前 7 天卖出的方式将企业的库存降为零,减少了资金占用;对直营店或者加盟商而言,只需要少量样衣就能开店,投资门槛大大降低;对于客户而言,可以设计自己的产品,且价格较低,客户的忠诚度会相对较高。如图 2-14 所示。

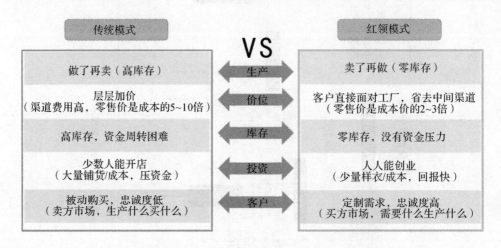

图 2-14　红领运营模式与传统运营模式对比

（四）酷特智能 C2M 商业生态

区别于传统的 C2C、B2B 等电子商务模式,"酷特智能商业生态"是新型的 C2M 商业模式,是红领定制商业生态的载体,即个性化产品定制直销平台。酷特智能以"定制"模式为核心,展开多领域跨界合作,去中间商、去代理商,专注实现全球从 C 到 M 的一站式服务,将消费者和产品制造工厂直接连通,提供数字化、智能化、全球化的全产业链协同解决方案。客户在平台上提出定制的产品需求,平台将零散的消费需求进行分类整合,分别提供给平台上运作的各个工厂,完成个性化定制的大规模生产,并实现直销与配送,提高生产效率,加快资金周转,增强客户体验,提高工厂效益,形成"智能工厂模式输出＋个性化定制产品直销平台",构建酷特智能生态圈。红领 C2M＋O2O 模式与传统定制模式对比分析如表 2-4 所示。

表 2-4 红领 C2M＋O2O 模式与传统定制模式对比分析

	红领 C2M＋O2O 模式	传统定制模式
量体	预约量体、上门服务、3D 扫描	门店量体、手工量体
工艺	3D 智能个性化工厂流水线生产	传统手工缝制
生产效率	7 天	15～30 天
生产量	36000 件/年	200～300 件/年
渠道控制	量大、渠道控制力强	量小、渠道把控能力弱
市场信息	迅速反应	反应较慢
消费群体	定制需求,忠诚度高	集中固定
营销推广	平台口碑、社交媒体、明星代言、商业合作、官网及线下活动	口碑为主
销售渠道	实体店、网上商城、APP、电话预约、RCMTM 平台、加盟、代理	店铺直营、电话预约
终端店铺	网上商城、实体店、APP 平台	实体店
物流风险	小	无
售后服务	7 天内质量问题退货退款/一个月内免修	规定时间免费修理

发展酷特智能 C2M 商业生态(见图 2-15),首先是输出红领工业化定制服装的生产模式,将客户需求变成数据模型技术、数据驱动的智能工厂解决方案,可先在服装、鞋、帽、假发等产业进行复制推广,并推广到更广泛的行业领域,然后将大批传统企业改造成能够进行工业化定制产品的智能工厂,并由酷特智能平台将其

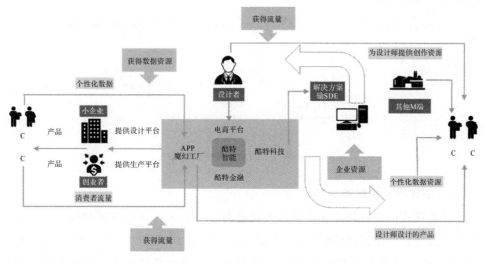

图 2-15 酷特智能 C2M 商业生态

融合起来,凝聚出制造、服务一体化,跨行业、跨界的产业体系,引发爆炸式增长。其次酷特智能也将在打造工商一体化的互联网工业模式及 C2M 商业模式的工程中,为合作伙伴提供全程技术与服务,关键是通过信息物联网络系统(CPS)串起各个智能工厂,打造智能制造的生态体系。

二、IT 公司转型 C2M 电商平台

(一)必要 C2M 平台

1. 创始人毕胜

毕胜曾担任百度市场总监和总经理助理,2005 年赴纳斯达克见证百度上市奇迹后,担任百度市场战略顾问,于 2005 年底离开百度。2008 年 5 月,毕胜创办乐淘网,起初专注于玩具市场,后转战鞋子市场。2010 年销售额突破了 1 亿元,后因电商的游戏规则开始发生变化,成本失控、持续亏损、转型失败,最后不得不把公司卖掉。2014 年毕胜再度创业,创办了全球首个 C2M 电子商务平台,现任必要商城 CEO。必要商城自 2015 年上线至今,已经实现月活跃用户超 50 万,成绩斐然。必要的发展历程如图 2-16 所示。

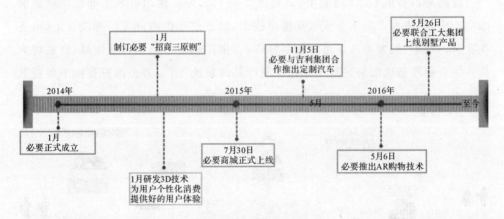

图 2-16 必要的发展历程

2. 必要供应商标准

必要模式最大的特点在于挑选的制造商都是知名奢侈品品牌的代工厂,这意味着产品质量有保证,价格上以成本定价,是奢侈品的百分之一甚至更少。作为平台,必要商城连接着消费者和制造商,消费者因为喜欢商品而青睐必要,制造商则为了消费者选择必要。和其他电商平台不一样的是,必要的供货商并不推崇多而

广,而是追求少而精。成为必要供应商的原则是必须为全球顶级产品制造商;必须接受必要的定价体系,即在制造成本的基础上加价不超过 20 元;必须与全球知名设计机构合作;必须拥有自己的柔性制造链(每一家制造商的柔性生产链改造成本至少在 5000 万元以上)。目前,必要商城与 NIKE、PRADA、ARMANI、MAXMARA 等 15 家制造商合作,由制造商负责商品的设计和生产,已上线产品包括服装、鞋靴等 9 大品类百余款。未来将对现有品类进行迭代和丰富,全程智能链接全球设计精英,开发商务精英着装配置。

3. 反向订购消灭库存

必要商城的 C2M 模式是以"消费者需求"为开端,由用户先下单,厂家再生产。通过反向订购的方式,工厂 ERP 平台接收订单,由工厂完成采购、生产、物流服务等全过程,由于是定制商品,这些商品的交付周期为 30~60 天,并由工厂完成售后服务。必要用互联网用户数据驱动生产制造,直连消费者与生产制造商,将所有的流通环节、库存全部打掉,下单才生产,保证零库存,最大限度地降低产品成本。在必要现在的体系下,仓储、物流、售后都由制造商来解决,而 7% 的订单分成,基本上已经能够覆盖必要团队的所有开销。通过反向订购的方式实现按需生产,解决制造商产能过剩和供需错位的问题,而且预付款的形式也让制造商的回款速度大大加快。

4. 必要短路经济模式

必要商城作为全球首个 C2M 电商平台,正在颠覆传统电商模式,必要商城通过 C2M 的"短路经济"模式,一头连着制造商,一头连着消费者,短路掉库存、物流、总销、分销等一切可以短路掉的环节,砍掉所有不必要的成本。必要个性化定制平台将制造商的设计样品以三维图形的形式展示出来,用户可以根据自己的偏好选择商品的颜色和款式,参与部分二次设计,并在网上下单,然后由工厂根据必要商城提供的用户购买需求和数量进行生产。如图 2-17 所示。通过 C2M 模式省略掉从制造商到用户过程中的库存、流通、经销、广告等多个加价环节,实现按需生产,降低库存成本和物流成本,以"消费者需求"为开端,由互联网用户数据驱动生产制造,通过短路经济模式让顾客与顶级设计师、顶级制造商两点直线连接,从而使消费者以更低的价格买到更高品质的产品,让供需两侧更加匹配。

5. 必要品牌缺陷

顾客通过必要平台进行个性化定制下单,从代工厂直接制造,按需生产减少中间环节,从而降低价格,实现 C2M 商业模式。但必要也存在商业模式短板的问

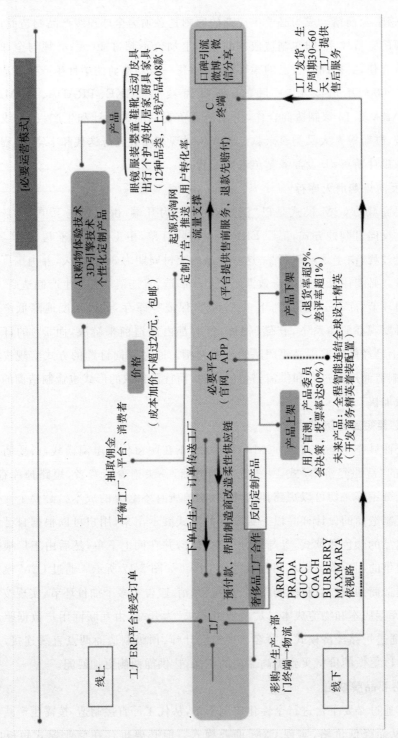

图 2-17　必要 C2M 商业模式

题,必要以预售模式为主,预售订单的归集以及制造商接到预售订单后的生产需要时间,导致产品从购买下单到送达消费者需要15～30天。生产周期过长,在流行反应方面使消费体验欠缺,在当前成熟的电子商务环境下,B2C能够做到"次日送达",必要平台就会存在劣势,在购物时效性体验上存在短板,从而形成需求生产长周期下的消费体验困局。必要商业模式的生产行为由C端消费者发起,这导致订单的零散性和分布不均。C2M平台的订单量决定着制造商利益,但为保证平台的正常运营而单开生产线,不能满足制造商赢利的目的,在缺乏固定流量和需求的情况下,碎片化的生产将给生产端造成较大的成本压力,分散订单和集中生产未能达到更好的平衡点。在自由市场的充分竞争下,必要平台没有提供附加价值,当产品彻底沦为工具和功能后,导致提供的产品只是产品的功能属性。

(二)网易严选

1. 网易严选模式

网易严选是网易旗下原创生活类自营电商品牌,于2016年4月正式面世,是国内首家ODM(原始设计制造商)模式的电商,以"好的生活,没那么贵"为品牌理念。严选通过ODM模式与大牌制造商直连,剔除品牌溢价和中间环节,为国人甄选高品质、高性价比的天下优品。目前,网易严选的商品分居家、餐厨、配件、服装、洗护、母婴、原生态饮食等几大类目,未来会开发更多家具、玩具等,打造成全品类的生活类电商品牌。严选上线后得到众多用户和业内人士的簇拥和肯定,截至2016年第三季度,严选拥有超过3000万注册用户,月流水6000万元。2016年网易严选首次参加"618"和"双十一"大促便取得绝佳的成绩,其中"618"期间,流水翻了20倍;在"双十一"期间,活动开启的第一小时流水为平时100倍。网易严选的发展历程如图2-18所示。

2. 网易严选的平台优势

网易严选依靠网易公司强大的资金和资源支持,目前网易市值超过200亿元,用户超8亿。打开网易邮箱会发现,严选除了占据邮箱首页的广告位,还有邮件推送以及网页版邮箱的底部弹窗。网易在大数据、用户、流量上具备自己的优势,因而新用户获取的成本很低。除此之外,依靠网易旗下门户网站、邮箱、在线教育、音乐、数字阅读、视频直播等多产品,严选具备丰厚的媒体资源和渠道推广能力。即便在最细节的信息透明化环节,严选也可以做到与智能硬件网易青果的结合,让用户通过视频随时查看商品的生产过程。网易严选应用用户保有量如图2-19所示。

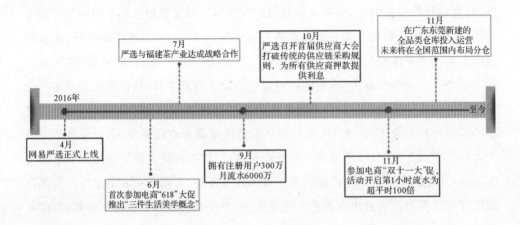

图 2-18　网易严选发展历程

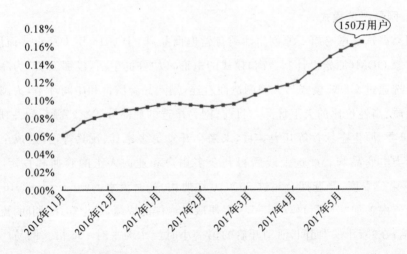

图 2-19　网易严选应用用户保有量

3. 直接连通用户和高端制造厂

网易严选试图打造极致用户体验,着力于极致的商品和劲爆的价格,目标是让消费者能将两者兼得,能以白菜价享受到优质商品带来的品质感。用互联网短路所有零售中的成本,直接连接工厂和消费者,采用纵向价格系统,所有商品售价遵循"成本价＋增值税＋邮费"规则,与来自世界知名品牌 MUJI、膳魔师、双立人等的制造厂合作,采用同等的材料、做工,并根据成本定价,从而消除品牌溢价,挤掉大量的广告公关成本,摒弃传统销售模式因各级经销商、商场专柜等产生的费用,直接连通用户和高端制造厂,真正做到最终以高性价比到达消费者手中。

4. 自建甄选家团队

由于打掉了传统供应链中的品牌商与经销商环节,工厂自主生产的商品通常缺乏设计元素,种类也较为单一,很难满足用户的多样化与个性化需求。因此,网易严选通过与国际知名品牌合作,在产品中融入原创设计,为用户提供具有浓郁网易气质的好物。网易严选从源头入手,选择商品的原材料和生产厂家专业团队改造商品,自建团队深入原材料的核心产地,对每道工序层层把关,从原料选择到设计、打样都与工厂保持密切沟通,从根本上保证产品质量。为加强用户参与度,自建"甄选家"团队。"甄选家"是伴随网易严选一路成长的用户深度参与选品的好物甄选计划,同时也是严选资深用户的官方"职位"。用户既可通过网易严选线上通道参与严选新品选品流程,提交样品试用报告分享中肯建议,也可以参与"甄选家"线下活动,与网易严选相关商品负责人面对面交流。2018 年,网易严选正式推出甄选家•工厂考察团,向用户近距离展示真实商品生产线,也让甄选家用户们有机会在更早的环节中介入选品。

5. 网易严选营销方式

与初上线时相比,严选的品类扩张很快,但严选的 SKU 并不多。严选的营销方式也一直是避开与电商巨头的竞争,打造"情怀电商",运用场景式的展示,直接形象地给用户更多的购物参考。这种场景式的营销方式已经成为现有电商的趋势,即构建线上的虚拟场景,让用户最直观感受到,产品应用在场景中的具体作用和画面。与用户向往的生活方式及产品应用产生共鸣,达成一致,促使用户为了追求这种美好的事物而产生购买。社区式交流引导购物栏目,增加了用户间的互动,提升了用户间对产品的认知,通过用户评价影响到用户的购买参考,从而快速形成购买动作,让网上购物不再冰冷,提升了网站购物温度。与传统品牌相比,网易严选剔除品牌溢价、去除因各级经销商与商场专柜产生的中间环节,凭借优质的产品和亲民的价格满足大众的消费升级需求,利用口碑评价强化平台价值与购买认知,形成闭环。

三、第三方 C2M 电商平台:凡匠定制

(一)发展历程

北京定质生活科技有限公司位于北京市海淀区,旗下定制电商品牌"凡匠",秉持"品位非凡 匠心独运"的经营理念采用网络营销十个性化定制十工业 4.0 工厂店的 C2M 模式取代传统门店的经营方式。凡匠定制是一家用户直连制造的电子

商务平台,采用 C2M 模式实现用户到工厂的两点直线连接,去除所有中间流通环节,连接设计师、制造商,为用户提供顶级品质、平民价格、个性且专属的商品。

2015 年 3 月,凡匠建立线下直营店,与国际品牌面料商马佐尼、1881 达成战略合作。2016 年,凡匠开始布局线上定制平台,自主研发数据系统,将产品线向多品类产品拓展。同年 6 月,凡匠定制 APP 正式上线,以主打衬衫、西服定制的全品类定制平台进入公众视野,成为定制行业的又一实力性企业。从成立伊始发展至今,凡匠能够得到市场的积极反馈,与对产品品质的严格把关和对合作伙伴的精心选择紧密相关。凡匠以精湛的工艺、细致的做工、精准的剪裁为一件艺术品级的西装保驾护航,为消费者提供优质品牌面料,这是保证服装品质的基础。如图 2-20 所示。

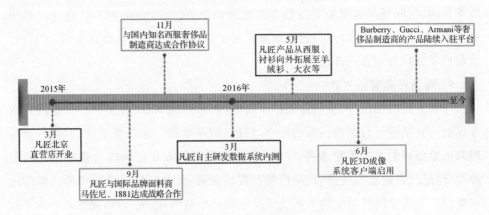

图 2-20 凡匠定制发展历程

(二)凡匠个性化定制设计

凡匠定制提供的款式和工艺数据囊括了几乎全部的设计流行元素,多种款式、版型、工艺、尺寸模板,能满足超过百万种设计组合,覆盖 99.9% 的个性化设计需求。凡匠通过个性化定制,释放消费者对服装的想象,摆脱标准化成衣生产的束缚,让消费者不再是生产什么穿什么,而是需要什么就能得到什么。为满足客户的个性化定制产品,凡匠定制提供的姓名字母绣于衣领和前门襟等自选细节、扣眼缝线撞色设计等可识别、时尚的身份化元素设计,都是成衣购买无法提供的定制内容。目前,消费者在凡匠定制平台中可以定制到高端时尚男装、女装,并且这每一类型都能够细分到西装、大衣、衬衣、裤子和马甲五大品类,用户能够根据喜好自行设定领型、口袋、面料、里料和拼接,真正满足了不同类型消费者的个性化需求。

（三）着装顾问上门量体

顾客登陆凡匠官网,便可预约着装顾问进行上门量体。凡匠量体师均经严格培训和考核,上门量体时携带面料册和专业的测量工具,由客户亲自查看面料款式品质,设计出符合自身喜好的细节,而量体师也会结合消费者生活习惯和使用场景、身体特征给出服装搭配建议。上门量体的方式不仅能够满足现代消费者对尊贵服务体验的追求,让用户最大化参与到产品设计中,将想法变现,增加产品对消费者的精神附加值。同时提供面料自选、量体服务可避免色差、尺码不合适等问题。目前,凡匠定制客户对第一次成衣的满意度能够达到 95%,再通过售后服务能够做到让客户基本满意。

（四）凡匠供应链

凡匠定制不断更新国际高端品牌面料供应商数据库,将最新研发的高端面料引进国内市场,并与 Armani、Cerruti1881、国际奢侈品制造商合作,与红领、恒龙建立长期战略合作伙伴关系。随着定制市场扩大和产品的热销,凡匠将单品扩展到诗阁制造商的衬衫、Hugo Boss 制造商的大衣、Burberry 制造商的羊绒衫等,提供知名品牌制造商提供的全品类产品。制造商根据用户的身材尺寸,进行一人一版的自动裁剪缝合,实现真正的量体裁衣,满足个性化需求。凡匠让用户和工厂建立连接,缩短供应链条,通过工业 4.0 柔性供应链,工厂接收数据后,生成纸样,自动裁床把面料按照信息要求裁成裁片,使用电子标签记录服装信息,实现个性化定制的规模化生产。

（五）凡匠城市运营制度

凡匠以衬衫、西服定制为基础业务,衬衫作为四季高频消费单品帮助获取用户基数,获得稳定营业额。西服作为定制高需求单品,增加中高端消费群体,在用户中形成领袖舆论引导作用,以一带十提升销量。通过立体化产品架构,对消费者形成多层次覆盖,从而保证城市运营商业绩。凡匠定制在北京、上海、广州、深圳等一线省会城市开设直营店,其他区域施行"城市运营商制度"。一名城市运营经理、两名量体师即可启动区域拓展经营,无须店面高昂租金、商场货架费用、仓库等运营成本的轻运作模式,让运营商加入即有盈利收入。同时,公司为运营商提供品牌、全供应链资源、人员量体专业知识、销售知识培训等支持。

（六）凡匠定制 C2M 商业模式

凡匠定制全品类个性定制,产销一体化的 C2M 商业模式,将信息化与工业化深度融合,实践了流程再造、组织再造、自动化改造,形成了完整的物联网体系,将个性化定制的设计成本下降 90%,生产周期缩短 50%,摒除一切能够想到的中间环节,实现从消费者到工厂的透明链接,最大限度地让利于消费者。利用"直营＋城市运营商"模式,以全新的服务式消费扩展市场,提升产品价值,为消费者带来优质低价的个性化消费产品。

第四节 C2M 时尚商业模式重构

个性化定制的市场需求越来越大,消费者话语权也越来越重,这也使得服装品牌线上交易模式从最初的 B2B、B2C 和 C2C,发展到现如今的 C2B、C2M 顾客驱动型商业模式。C2B 及 C2M 商业模式,通过网络平台发起定购、团购、要约、预售,即主要通过预约购买、按需生产、工厂直连消费者、砍掉流通加价环节、去中间化,消费者能以最低的价格买到高品质、可定制的产品。对于 C2B＋C2M 的商业组合方式,可以利用 C2B 平台引流能力,将订单聚集起来,再将订单发送给 C2M 工厂进行生产,最终到达消费者的手中,打通 C 端、B 端和 M 端(见图 2-21)。C2M 是完全由需求驱动制造、由制造商直接满足需求的商业逻辑,制造企业不再依靠中间商、代理商和渠道商主导销售,而是直接供给,满足消费者的个性化需求,这在如今

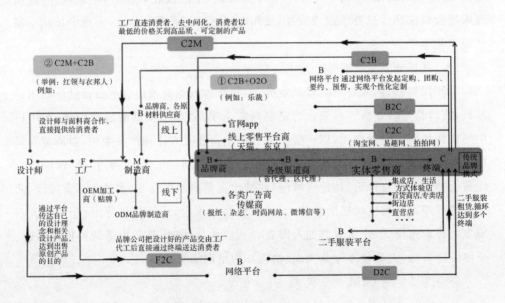

图 2-21 市场格局图

的市场格局中愈演愈烈,C2M 商业模式将成为下一个风口。

一、铲除中间环节,缩短产业生态链

C2M 模式建立了用户和制造厂商的直接连接通道,用户通过互联网平台提交个性化产品需求,最终的产品依照用户的需求生产,铲除了除消费者和制造商之外的一切中间环节。这种端对端的销售去除了中间流通及加价过程,大大缩短产业生态链,降低成本且提高效率。另外,C2M 模式是用户先下单,制造商再生产,因此制造商根据销量决定产量,基本实现零库存,在方便顾客又不增加顾客成本的同时,大大降低了生产商的运营成本。C2M 模式的最大优势是解决了产能过剩的困扰,为供给侧结构性改革注入新鲜血液,去库存,以量定产,按需生产,使得产能不再浪费。

二、增加移动互联入口,满足个性化需求

C2M 模式建起了消费者和制造商的桥梁,使得移动互联入口逐渐向碎片化、多元化、个性化发展。国内综合经济实力的提升直接催生了中产阶级的崛起,目前中产阶级是消费的主流人群,他们的消费特点是"我想要"而不是"我需要",因而供给型生产越来越不能满足个体性"想要",所以 C2M 模式为个性化私人定制开辟了新的消费路径,让消费者享受消费的过程和参与制造的乐趣,未来必将成为倍受欢迎的消费体验。

三、以大数据分析为核心,运营高度智能化

"互联网＋"时代,大数据、云计算已成为消费类企业关注的焦点,支撑 C2M 模式发展的正是以用户需求为核心的数据分析。其关键在于数据的来源以及对数据的加工能力。如图 2-22 所示。

在用户积极参与的定制过程中,准确记录、全面分析用户的行为及需求,通过大数据的挖掘分析、针对重点客户,进行精准营销,获得指导性的意见来安排生产,在流程中实现数据化、智能化,提升生产效率。

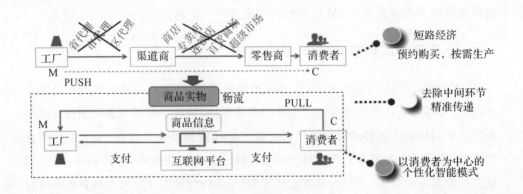

图 2-22 "推"和"拉"模式

四、C2M 平台商业模式重构与升级

新的电商模式催生出了新的电商平台,C2M 电商平台存在的价值在于"连接"需求和生产两端,将消费需求和生产流水线连接起来,如图 2-23 所示。消费者可以在官网或 APP 预约量体,自主选择门店量体或者在 APP 上自主设计,利用 3D 模拟技术满足自身的个性化需求。门店量体或线上 APP 将数据上传至平台,平台传送至工厂,工厂接收订单信息,利用大数据智能化系统开始一人一版、一衣一款的加工生产。这种工厂直连消费者的方式,完成了消费者需求驱动价值链运作,实现供应链大规模协作,柔性化生产运作,最大限度地砍掉了中间环节,商品的售价变低,制造商的利润变高,从生产到销售的周期变短,效率提高。

在供应链方面,与奢侈品制造商合作,为消费者整合优质制造商,推荐高品质产品,满足定制需求。C2M 商业平台再将面辅料及时录入,通过云计算,精准数据库收集。C2M 商业平台还应加快款式设计的研发速度,平台可以通过研发团队、第三方设计以及用户参与设计的方式扩充产品类,顺应潮流的发展,满足消费者日新月异的个性化需求。因此,C2M 电商平台打造一个统筹制造商、线上线下渠道的精益生产运行管理平台,通过大数据的收集,加快产品研发速度,以满足消费者的个性化定制需求。其通过打造便利的定制服务、全程可视化服务以及线上线下一体化服务,充分利用电商平台流量和数据优势,达到提升客单价、复购率的目的。

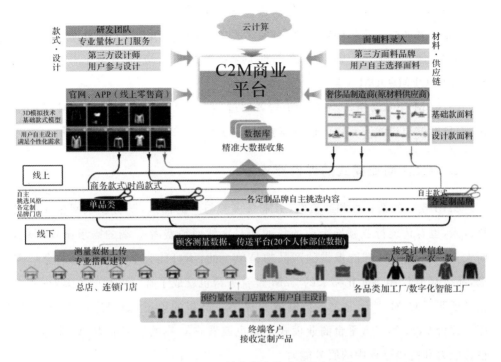

图 2-23　C2M 平台商业模式重构与升级

第五节　C2M 建议与启示

一、C2M 商业模式的市场建议

（1）C2M 可以构建自身的供应链系统，整合制造商资源，建立自身的私有品牌，打造 C2M 的买手（设计师）队伍。买手（设计师）实现直接与制造商进行沟通，使 C2M 平台成为一体化优质制造商集合。

（2）中国式 ZARA＋C2M，弥补了"必要"模式物流周期长、反应速度慢、服务体验差、售前售中售后服务无法保障的问题，因此，如果能够实现 ZARA 的快速反应机制，C2M 仍旧值得期待。

（3）C2M 模式取代不了现有电商的主流模式，但可以作为 B2C 和 C2C 的补充，在细分垂直领域有所作为，如淘宝、京东共存一样。

(4)C2M 可以定位到合适的人群中去,要么只做一二线城市的高端市场,强调品质,寻求奢侈品代工厂的资源整合;要么只给三四线城市,为消费者提供设计感强而价格合理的产品,强调速度与时尚,寻求快速反应的小型工厂、设计师 STUDIO、OEM/ODM 工厂。

(5)C2M+O2O 模式,不仅让消费者通过参与创意设计实现 C 端与 M 端的链接,而且能够通过线下实体店进行体验,解决了单一 C2M 模式无法体验的问题。

二、C2M 商业模式的评价要素

C2M 模式的新颖性和颠覆性,引来众多参与者的涌入,既有互联网企业的强势进入,也有传统行业领导企业的华丽转身。然而消费者 C 端的需求千变万化,而大多数制造商 M 端能提供的产品却是单一的,不可能完全满足 C 端的全部需求,那么基于 C 端多元化需求的 C2M 整合平台也就成了唯一可行的方案,现实也已经证明了 C2M 平台为大多数制造商提供了链接的渠道,如网易严选和必要。那么评价 C2M 第三方平台商业模式主要也就看它 C 端的引流能力、M 端的资源整合能力和链接过程中的服务能力。

(1)传统制造型企业转型 C2M。传统制造业在产品的设计、生产制造、技术研发、品质控制等方面有坚实的基础和资源,通过嫁接互联网和工业 4.0 实现数字化驱动的全供应链生产能力,实现大规模个性化生产。缺陷是传统制造企业缺乏互联网基因,除了要进行数字化工厂改造之外,还需要有链接 C 端进行引流的能力。典型的案例如报喜鸟、红领和红蜻蜓。

(2)第三方平台跨界 C2M 生态链。第三方电商平台利用先前积累的庞大用户数据,跨界传统制造商或品牌商,实现链接 C 端和 M 端的需求。对于缺乏互联网引流的制造商而言,这是个流量入口。2017 年天猫和京东分别与威克多、埃沃等品牌跨界定制即是典型例子,而网易严选则是"国内首家 ODM 模式电商品牌"。

(3)整合平台或 IT 公司提供一体化 C2M 解决方案。信息技术公司先天具有互联网沟通引流能力,在 C2M 平台技术架构上具有优势,能够与传统制造企业进行很好的衔接,协助传统制造企业借平台出海。必要主打的是"全球首家 C2M 电子商务平台",先天具有这种基因,不管平台最后是否能够开花结果,但在与传统制造企业对接整合上迈出了战略性的一步,但作为 C2M 模式的必要还需要进一步改良。

三、C2M 商业模式的思考

（1）C2M 不可能取消所有环节直接面对消费者。对于制造商 M 端，如何能够链接 C 端？M 端不仅要具备柔性化生产供应链能力，而且还要具有互联网基因，能链接消费者，并能与 C2M 整个链条的消费者进行互动沟通。对于当下的中国制造业，基本无法做到这点，制造商绝大多数能力和投资都在生产上，重点是提高品质、加快交货、压缩成本、提高利润，在品牌建设方面做得比较少，几乎没有。在中国自带互联网基因的制造商确实很少，或者说基本没有。因此，现在谈到的 C2M 模式其实都是 C2P2M，其中 P 是指 Platform 或 B 端，这个角色基本有第三方平台承担，真正意义上的 C2M 不存在。

（2）C2M 的普遍性观点是去掉中间所有环节，没有经销商，没有零售商，也没有品牌商，商品的价格就会降低，而事实上这个结论并不正确。在生产效率和生产要素保持一定的前提下，制定价格的策略取决于市场的自由竞争，当需求大于供给时，制造商还只会加一点点利润吗？肯定不会，肯定会提高利润，实现价格均衡，直至供需之间保持平衡。当供给大于需求时，制造商才会通过成本加基本的利润甚至使用短期的补贴来促进消费需求，培育消费习惯，产生黏性。C2M 取消掉所有中间环节，价格仍旧未必是最优，决定价格是自由市场供需双方的竞争，特别是在一家独大或垄断整个市场的情况下，趋利是资本的天性。

（3）必要通过国际品牌代工工厂来进行品质背书，暗示必要的运动鞋、眼镜等除了没有国际大牌 LOGO 外，品质都是一样的。而事实上，同一个工厂生产出来的产品品质一定一样吗？传统渠道的品质是通过品牌来担保，品牌肩负着质量、信誉、售后、服务等的保证，而在 C2M 平台上，产品品质如何获得保障？如果通过国际品牌代工工厂来担保或者背书，那么这个国际品牌代工工厂究竟能够承担多大的责任？即在必要 C2M 平台上的产品如果出现非常严重的缺陷，该国际品牌代工厂能否为消费者负责？在传统的零售渠道中，POWER 最大的是品牌，是通过品牌来驱动整个商业链条，消费者识别的也是品牌，而 C2M 则要取消原先链条中权力最大的品牌商，替代它的其实就是第三方平台。在 C2M 整个链条中，第三方平台的权力最大，因此，当消费出现真正问题的时候，平台难辞其咎。

（4）传统零售渠道中产品的售价等于成本价加服务。正常的产品提供给顾客的价值包括功能性价值、社会性价值、情感性价值、认知价值和条件价值。C2M 平台没有提供附加价值，除了出售产品，其他任何关于情感、沟通、体验等服务几乎没有。当产品彻底沦为工具后,人的属性方面的东西就得不到开发,这就导致 C2M 提供的产品仅仅是产品的功能属性。但在商品供给远大于需求的今天,仅仅提供功能价值,而没有服务价值、体验价值和象征性价值,对于很多追求 LOGO 式消费的中国消费者而言,产品能否热销也不难预测。

(5)消费需求有极强的即兴化特征,属于即时需求,对时效性有较高的要求,更何况很多消费属于冲动型消费,消费价值在有限时间具有保值价值和消费体验,但 C2M 模式以预售模式为主,送达消费者手中的战线拉得很长,通常需要 15~30 天,导致之前喜欢的东西,现在不喜欢了。在服装领域体现得更加明显,因为时尚流行有周期性和季节性,过长的周期削弱了消费体验。那么如果能够成功实现 C2M,需要在 C 端实施快速反应,那么对于设计工作室、小型加工厂或者具有柔性生产供应链的制造商会比较理想。

(6)在碎片化的时代,由于长尾效应,消费者通过各种社交媒体和平台建立,自身的社交关系网络,将原先规模巨大但相互割裂、分散的消费需求整合在一起,以整体、规律、可操作的形式将需求提供给供应商,从而将"零售"转化为"集采",能够大幅提高工厂的生产效率和资金周转率,价格因而又有了一个巨大的下调空间。但是 C2M 模式由 C 端消费者发起,致使订单具有分散性、不连续性、差异性和分布不均等问题,对于制造商而言食之无味,弃之可惜,如果单纯为了 C2M 平台进行生产投入,基本都是亏损的。就当下而言,C2M 提供的订单对于制造商而言仅仅是大规模生产之外的一个补充渠道而已。

第三章 "互联网＋"服装定制智能制造逻辑

第一节 "互联网＋"服装定制智能制造产生背景

一、德国"工业 4.0"与"中国制造 2025"

德国政府提出"工业 4.0"战略，是以智能制造为主导的第四次工业革命，通过借助信息通信技术和网络空间虚拟系统—信息物理系统将生产制造中的供应、销售信息数据化、技术化，最终确保高效、便利、个性化的产品供应。其本质是围绕信息物理系统(CPS)，更好地满足用户个性化需求，促使制造业向智能化转型，即智能制造。智能制造属于最新出现的生产方式，从智能制造系统不断向高层级发展的趋势分析，智能制造概念包括"工业 4.0"的核心主旨(工厂、生产、物流三部分)以及三大设想(产品、设备、管理)。智能工厂也就是智能生产系统及相关生产设施的建立及使用；智能生产，主要表示公司生产管理系统、3D 打印、智能生产技术等在现实中的使用；智能物流，借助移动网络、物联网汇总当前全部物流资源，促进供需双侧服务均衡发展。产品，包括动态数字储存、传播以及通信作用，可以为成熟供应链以及生命周期供应所需要的数据内容；设备，建立完整的价值链，确保产品的组织配置；管理，也就是基于现实情况调节具体生产环节。如图 3-1 所示。

面对新一轮工业革命挑战和国内外制造业竞争新态势，我国政府提出"中国制造 2025"计划，且清楚表明"以促进智能制造为主要目标"，通过构建新型制造体系，以推动制造业转型升级，抢占制造业竞争制高点。在政府的支持与推动下，2017—2018 年，企业对云计算、大数据、物联网技术的使用/计划采用比例，和 2017 年相比有较大的提高，如图 3-2 所示。多品种、小批量、个性化生产将成为未来经济发展的主要潮流，中国智能制造的核心属性是信息物理系统，企业依据互联网信息技术搜集海量的数据信息，精准适配差异化消费需求，确保智能生产符合现实市

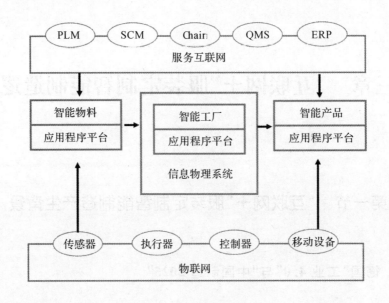

图 3-1　智能制造的运作

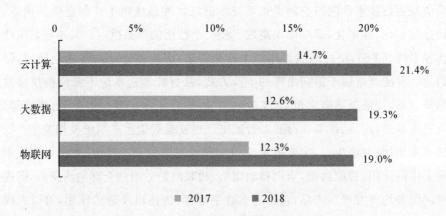

图 3-2　2017—2018 年企业对新技术的使用/计划使用情况

信息来源:2017 年第 39 次中国互联网络发展情况统计报告

场需求的产品。所以,生产工艺与技术的融合、产品个性化、制造人性化是未来工业改革的核心趋势和基本特点。

二、供给侧结构性改革

供给侧结构性改革的本质是供给侧产品无法满足现实需求的问题,其中结构性改革是利用激发消费侧及增加内需,继而提高消费水平。需要在适当增加总需求的时候,减少产能、减少库存、减少杠杆、降低费用、弥补不足,从生产方面增加高质量产品的供应,降低无效供应,增加有效供应,提升供给结构灵活性及自主性,提升行业综合生产率,确保供给系统能全面应对需求结构改变。在粗放式发展惯性模式下,部分重化工产业以及普通制造业出现产能过剩的问题,导致经济下行负担加大。我国供给系统基本上是中低端产品过多、高端产品供应短缺,传统产业产能过多,还存在结构性的有效供应较少的问题。

供给侧结构性改革即便目前的重点是供给端,然而着手点应是需求端,由于全部生产活动出现的基础是"消费",消费掌控当前社会发展的核心命脉,影响市场经济的整体生产情况。之前过度依靠增加产能提高经济效益,造成服装行业综合产能过多,需充分利用供给侧结构性改革驱动"微笑曲线"中最低附加值的"制造端"反转,利用工业互联网、大数据、工业云、人工智能等全新互联网技术和个性化消费需求进行全面的融合,寻找全新的生产模式、组织结构、商业模式、价值链分布以及竞争战略,尽快在世界制造行业价值链中占据有利地位。根据供给侧结构性改革,实现基于工业 4.0 的智能制造,以个性化产品为主体、以智能生产为主线、以产业模式变革为主题的服装产业链优化升级与协调创新,即实现"微笑曲线"的根本性反转。如图 3-3 所示。

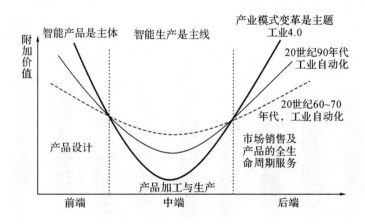

图 3-3 智能制造反转微笑曲线

三、"互联网＋"个性化消费

网络对服装产业影响最明显的环节便是营销活动。网络聚集大量个性化消费需求内容,为顾客和公司(品牌方)建立了信息和人机沟通的平台,互联网开始成为个性化营销的成熟平台。无线互联网和移动终端的高效结合,把互联网扩展到更多地区和行业,开始摆脱办公场所或电脑端的限制。目前可以在所有移动终端使用网络,比如手机、iPad 等,确保人与人、人和机器及众多终端之间的多对多交互,进一步促进了数字化发展、高效上传以及共享各类信息内容,变成可以精准互动的个性化营销渠道。

大数据促进行业改革,新技术促使行业扩张,以互联网尤其是移动网络为重点的全新经济以及金融变成社会经济进步的全新动力。我国开始进入移动互联社会,参考第 42 次中国互联网发展状况统计报告得知,截至 2018 年 6 月,我国网民规模为 8.02 亿,较 2017 年末增加 3.8%;互联网普及率 57.7%,其中,手机网民规模已达 7.88 亿、网民通过手机接入互联网比例已经高达 98.3%。如图 3-4 所示。当前,消费偏好向品质、定制、个性化转变,网络消费升级特点被彰显出来,电商和实体公司全渠道结合,进而向数据、科技、场景等不断延伸。产消两者均基于个性化需求,品牌商通过互联网平台包含的大量信息内容,强调推荐的针对性以及服务的社会化属性,满足定制的、个性化的现实需求;顾客通过网络的普及应用直接向品牌商(公司)阐述自身需求,品牌商(公司)根据上述需求完成智能准确匹配,因此充分体现出了个性化生产特点。

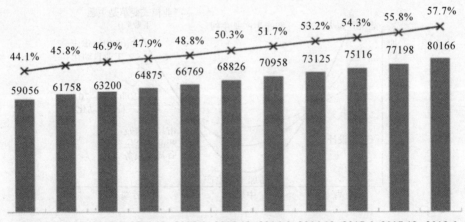

图 3-4　2013 年 6 月至 2018 年 6 月中国网民规模和互联网普及率

资料来源:2018 年第 42 次中国互联网发展状况统计报告

四、智能柔性化生产

工业时代使用"小品种、大批量"的规模化制造方式,体现出相应的刚性,其中互联网时代出现的定制消费需求让"多品类、小批量"的柔性化制造方式变成主要发展趋势。到目前为止,针对柔性化生产的概念并没有达成共识,然而不使用柔性化生产方式,就不能确保服装产品效率、质量及费用三者的均衡,"多品类、小批量"也会因缺少经济性而无法顺利进行。以往的服装定制导致公司日常运营承担较大的压力,原因是:质量无法保证、时间无法管控、费用无法掌控、无法获得规模化经济效益。互联网信息技术的使用和需求端的消费改变促进生产系统的持续改革,服装公司需使用"多品类、小批量"的柔性化生产方式。此外还应提高对数控裁床、3D人体测量等符合上述生产模式的基础设备的配置力度,全面满足个性化消费需求。网络上存在各种不同类型的需求,开始产生倒逼态势,导致电子商务公司的销售端承担极大的压力,这也会在一定程度上反向促进公司提高生产模式上的柔性化水平,且不断促进现有供应链甚至产业的发展,让其在响应效率、行动逻辑及思考模式等部分满足持续变化的现实需求。云平台筹集个性化需求,促使生产的柔性化变革,3D打印、SaaS(软件即服务)等全新生产模式被普遍使用到现实中。以往依赖扩充产能提升业绩的方式,转换成在互联网背景下基于市场和消费需求来确定服装公司的生产需求,舍弃老旧产能,提高品牌创新水平,确保产品研发效率,全面满足各类顾客群体的需求。

经济发展进入新常态,模仿型排浪式消费阶段基本结束,个性化、多样化消费渐成主流,需求呈现高度"碎片化"和"离散性",需着力推进供给侧结构性改革,以应对需求侧的易变性、复杂性和模糊性。服装本身具有周期性、流行性和短暂性等特征,更加剧了服装市场的供需矛盾。面对需求侧不确定性,我国服装企业应如何响应消费升级驱动的个性化增量市场,适配个性化需求,以此实现服装行业个性化智能制造的转型升级就尤为至关重要。

第二节　消费升级背景下服装供需双侧错配现状

一、消费升级背景下服装个性化需求变迁研究

(一)消费升级驱动的个性化因素

我国开始进入消费需求不断增加、消费结构加快转型、消费拉动经济作用明显增强的重要阶段。在新的经济形势下,国家提出了"消费升级"的概念。伴随人均收入数额的持续提升,人民群众的消费需求也开始逐渐升级。在消费持续增加的同时,升级进度也随之变快,主要体现在消费层次、质量、形态、模式以及具体行为等部分的趋势性特点。主要消费群体正在发生迁移,人口结构、城市化进程和人均可支配收入等正在影响中产阶层崛起的数量和质量,导致消费渗透率持续上升,供需不平衡、不协调、不匹配的矛盾和问题日益凸显。同时,消费个性化、消费方式全渠道化,消费者需求逆向推动服装生产和服务方式。在消费升级环境中,消费群体的内部结构、现实需求、有关渠道及消费观念都出现了明显的改变。更多的个性化消费群体受到审美喜好、教育文化、生活习惯等影响,使消费群体更加关注个性、内涵的体现,服务性消费快速增长,品质消费不断提升,让消费者不再仅局限于购买生活必需品。个性化、定制化成为服装消费市场中不可忽视的现象。

(二)服装个性化离散需求的变迁

消费者个性化离散需求促使服装从早期的量体裁衣、批量生产、大规模个性化定制到迄今的"一人一版"高级定制变迁,服装个性化表现在高级定制、半定制、成衣定制、互联网定制、网红 IP 定制、原创设计师定制等多种离散型需求。如图 3-5 所示。基于个性化定制的服装行业发展基本可以划分成三个阶段。第一阶段是红帮裁缝传统服装定制,比如隆庆祥、红都等发展时间较长的知名品牌,此类品牌继承以往红帮裁缝手法,主要使用手工定制,价格较高,周期较长。第二阶段是"互联网＋"服装线上定制,比如衣邦人、埃沃、量品、码尚等互联网知名定制品牌。第三阶段是"互联网＋"数字化智能生产,比如红领、报喜鸟等,利用 3D 打印技术,借助大数据实现"互联网＋"制造业的工业互联网定制渠道,把以往庞大的供应链变成基于信息的电子供应链体系,实现服装大规模数字化定制。

以往传统服装企业设计的产品总是在引导消费者的需求,而如今,消费者消费

观念升级演变结合互联网的发展,消费者需求开始逆向牵引着企业的生产和设计,消费者的个性化需求正在逐渐凸显。个性化市场需求促使公司设计以及生产方式出现彻底改变,"多款少量"的模式让服装企业面临挑战的同时,也带来了一定的机遇。当前,服装企业普遍面临个性化需求如何适配现状,而个性化定制作为"工业4.0"的全新制造思维模式,与服装行业个性化、快速反应、体验式服务不谋而合。与以往大量成衣制造方式不一样,个性化定制可以在一定程度上达到顾客的个性化需求,通过设计环节,在款式、材料、配色到图案、配饰等方面都可以根据消费者的个性化需求进行搭配。伴随时间的推移,个性化定制方式能够更好地满足当下消费者的核心需求,并且和传统定制模式相比价格更低,能为消费者带来更好体验。同样,个性化定制借助智能制造技术及其系统化的数据互联,促使产品种类呈现多样化趋势,使其实现服装定制生产的同时,也使消费者的个性化需求逐渐凸显。

二、供给侧结构性改革下服装结构性失衡与双侧错配研究

(一)基于牛鞭效应的传统服装供应链模式(PUSH)

服装成衣市场现有的"生产商—品牌商—代理商—零售商"模式已经无法反映真实的消费者需求,过去以量取胜的方式已经不适应市场的变化。传统模式中零售商通过进货完成更多的销售任务,代理商通过订购较多的商品防止断货;而品牌商通过储存更多的商品以备补货;种种需求叠加以及可能出现的生产环节风险促使生产商扩大生产量。在这样的模式下,信息从最终客户端向最初始的生产厂家传递过程中不断扭曲和逐级放大,需求信息出现了失真和滞后,这即是服装生产过程中的牛鞭效应。在上述模式中,生产、销售两方面互不干涉,独立存在,导致供应链中库存增加,响应消费者需求的效率减慢。对服装企业来说,预估需求的时候所使用的数据主要是产品销售状况、市场需求详情,由于分销商对服装流行趋势的预测会产生偏差的现象,所以在应对市场需求变化时,服装企业至少在三个月内无法调整订单,从而导致企业无法根据市场变化进行高效反应,导致服装严重积压。除此之外,供应商没有参与销售规划以及需求预估过程中,对下游紧急订单、突发退货等问题基本上没有任何主动权,导致亏损严重。全渠道下服装企业分销渠道动态实时多变,分销渠道商数目众多,分销网络庞杂,受促销等多种因素影响使各渠道需求量的变化频繁,以往传统的订货会模式做出的销售预测对市场的敏感性不高,不能切实反映市场的需求。传统服装企业的大量数据分散在客户关系管理、分

销系统等多个彼此分离的信息系统中,信息查找、反馈不精准、效率低,业务流程内的"信息孤岛"仍然频繁出现。导致服装供应链各企业间信息化建设水平参差不齐,彼此间的系统也没有较好的衔接,并缺少统一的数据分析与整合平台,信息内容无法顺利流通,促使整体供应链运作效率不高。因此,上述现有的供给模式价值体系以商品构建为基础,供需信息扭曲,无法有效实现信息共享,具体表现为起订量高、库存积压、业绩下滑、关店潮等供给端短板。

(二)基于个性化需求的服装供应链模式(PULL)

过去传统模式中品牌商处于绝对的主导地位,商品需要通过层层环节才能最终到达消费者的手中,品牌商往往控制着从原材料采购到最终分销零售的各个环节,少量重要数据支撑了所有商业活动的开展,企业之间的协调是单向的、线性的、紧耦合的控制关系。而如今,互联网的信息"碎片化"使消费者减去渠道商总代、区代、批发终端以及减去零售商中专卖店、连锁店、百货商场等不必要环节,使顾客直接能与制造商、设计师实现衔接,提供优质平价、性价比高、个性化的产品。服装产业的价值链模型进化到了基于以用户为中心的价值环模型,由用户需求驱动生产制造,通过嫁接互联网实现了先销售再生产的 C2M 商业模式,甚至 C2B2M 的服装商业模式形态。市场需求由厂商需求为核心变成以消费需求为核心,C 端消费者被高度赋能,价值链内各环节的主导权开始转移,实现角色与行为的本质性改变。个性化营销、柔性化生产及社会化协作三者之间的供应链协同互动,变成支持及促进 C2M 模式持续进行的基石以及运作的内在机制。C2M 模式鼓励消费者参与到产品设计、生产过程中,当消费者无法找到满足自己需求的产品时,可以直接下单给企业进行私人定制。这种模式将消费者规模巨大且相互之间割裂、零散的消费需求整合在一起,以综合、规律、可执行的形式把需求传送给供应商,最终把"零售"转化为"集采",为厂商提供更大的发展空间,能够大大提高工厂的生产效率及资金周转能力,消除库存风险。实现以消费者需求为导向,生产企业根据消费者的需求进行定制化生产,体现出渠道透明、产品价格合理、供应链协同的特点。如图 3-5 所示。

此外,新时代消费结构的升级也导致个性化、碎片化订单越来越小,需求曲线从长尾的"头部"转移到"尾部",促使服装企业将"大规模粗放式"生产模式改造为"小批量柔性化快速反应"的供给模式。这种"拉"的模式以消费者为构建基础的价值体系,实现了精准对接、快速响应、信息共享和柔性供给,满足了期货交易的"多波段、快速补货"的需求,能灵活应对需求侧的不确定性。如图 3-6 所示。

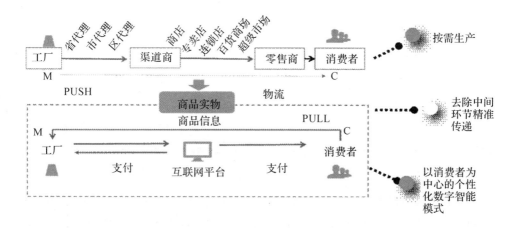

图 3-5　以消费者为中心的服装产业价值链

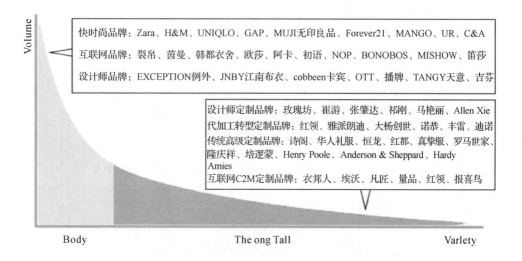

图 3-6　服装长尾现象

第三节　服装智能制造总体架构

转型升级是为了早日服装制造强国。在"中国制造 2025"发展战略指引下,以实践服装企业智能制造作为转型升级和实现服装制造强国的目标。虽然服装智能制造是由传统制造、现代化制造向智能制造发展的必然,但当下不少企业认为进行企业的自动化、信息化基础建设就是智能制造，这是对智能制造的误读和误解。因此，需在理清服装企业智能制造总体架构及其内容和特征基础上，从多环节适配服装企业智能制造的技术路线升级。

一、智能制造定义

常用智能制造的定义有两个：一个是 1994 年"智能制造系统国际合作研究计划 JIRPIMS 提出的："智能制造系统是一种在整个制造过程中贯穿智能活动，并将这种智能活动与智能机器有机融合，将整个制造过程从产品订单、设计、生产、市场销售等各个环节以柔性方式集成起来的，能发挥最大生产力的先进生产系统。"另一种说法是我国于 2017 年 3 月发布的"信息物理系统 CPS 白皮书"中：实现智能制造是基于"在信息物理系统 CPS 的支持下，构建智能制造、智能经营、智能设计、智能产品、智能决策五大系统，并在一系列标准支持下，所有信息安全的保障下能有效地进行纵向、横向和端到端的集成。"这两种说法实质是一致的，后面一种定义更为直观。服装企业要实践的智能制造总体架构具体如图 3-7 所示。

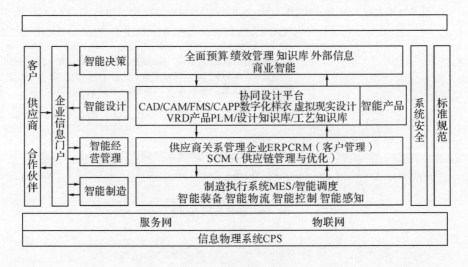

图 3-7　智能工厂架构

二、服装智能制造的重点内容

(一)建设信息物理系统

信息物理系统 CPS 是实践智能制造的最主要支撑，它通过物联网、服务网将制造业企业设施、设备、组织、人互通互联,集计算机、通信系统、感知系统为一体,实现对企业物理世界安全、可靠、实时、协同感知和控制。

（二）创建智能设计系统

一要应用服装 CAT/CAD/CAE/CAPP/CAM/PDM 技术,在设计知识库、专家系统的支持下进行产品创新设计;二要在虚拟现实环境下设计出数字化样衣,对衣服结构、款式、功能等进行模拟仿真,优化设计,体验验证;三是该智能设计系统要同时支持并行设计、协同设计;四是在工艺知识库的支持下进行工艺设计、工艺过程模拟仿真,最大限度缩短产品设计、试制周期,快速响应客户需求,提高产品设计的创新能力。

（三）创新智能产品系统

智能产品系统建设主要是开展智能可穿戴类技术及产品的研制,通过新技术、新材料、各类传感器及大数据的应用,提高产品的科技含量,提升其文化内涵。要使服装具有智能功能,在制造中主要有以下三种实现途径:一是开发智能纤维,织成智能面料,做成服装;二是通过新型染色或后整理加工的方法,使普通织物具有智能特性,再做成服装;三是将普通服装与外加电子智能元器件相结合,应用互联网技术使之智能化。

（四）建立智能经营管理系统

在物联网和服务网支持下做好供应链管理 SCM 和客户关系管理 CRM,使得任何客户的需求、变动及设计的变化,在整个供应链的网络中快速及时响应并智能化管理,做好制造服务全过程的管理,并着眼于产品全生命周期的管理 PLM,从用户要求设计制造售后服务直至回收利用全过程的管理和服务。在上述基础上,做好企业 ERP 和制造执行系统 MES 及 CRM/SCM/PLM/的有效集成,使企业的数据依据、生产、销售和决策都更加智能科学。

（五）建立完善的智能制造系统

智能制造是一种面向服务,根据客户个性化需求和情境感知,在"人—机—物"共同决策下作出智能制造的响应,在产品制造全生命周期过程中为客户提供定制化的、按需使用的、主动的、透明的、可信的制造服务,所以完善的智能制造系统应该包括智能设备（即智能机器）、智能物流、智能控制、智能调度、智能执行等制造一体化与管控一体化。

（六）创建大数据智能分析平台

在智能工厂中,每个机台上都安装有很多传感器,不断地采集数据,并对数据进行分析,从而优化生产线,降低成本。因此,建设服装智能制造企业大数据分析平台是不可少的。通过平台赋能管理企业的各类业务数据,解决企业内部的数据流的共享和信息交互,并利用云计算技术打造多种互联互通的基础设计,整合数据、网络、应用和服务等信息要素,从云到端为企业提供高效、安全、灵活的大数据服务。

三、服装智能制造的特征

(1)因服装企业智能制造的加工设备是智能机器,因此在加工过程中需具备自主性、自律性、自适应性。

(2)因服装企业智能制造是"智能机器人＋人＋智能机器"三位一体扁平的而不是固定的信息物理系统组成的加工模块,因此需实现比传统固定流水线加工效率更高、品质更高、柔性更好和省人的作业方式。

(3)服装企业智能制造是信息物理系统模块之间从产品设计研发、加工生产、市场营销、市场物流、市场客户以及供应链及协同企业之间,在多网融合支撑下应做到企业大数据的全自动流动,实现企业纵向及横向和端到端的集成。

(4)专家经验、电脑模糊计算以及神经网络单元组成的智能机器人应是自主型机器人,能替代服装定制大师的某些手工经验作业。

(5)在虚拟和增强现实(VR/AR)技术推动下,定制的虚拟仿真服装产品在产品加工过程中可满足客户需求的动态体验和修改,也就是说,智能制造的超柔性远远大于现在的设计端定制模式。

(6)因为智能加工设备具有自主学习功能,所以在整体运行中需具有自诊断、自维护、自保障功能。

四、服装智能制造的系统集成

传统的大批量生产周期长、款式变化慢、号型少,已无法满足消费者的需求。因此,服装生产企业迫切需要一种新的高效化智能生产方式来弥补这种不足,因而建立基于互联网的数字化大规模个性服装定制(MTM)和智能化生产(IM)体系,就显得尤为重要。基于计算机网络,在自动量体和信息数字化存储及传递、样板库建设、样板修改和生成模式、智能化生产等方面满足消费者的需求,实现大规模服装定制与智能生产系统的网络集成。

大规模服装定制与智能生产系统是在三维人体测量的基础上,由客户通过手机 APP 选择服装款式,创建电子订单,通过网络将订单信息即时传送到服装 CAD 及样板生成系统,自动选择并修改形成个体样板。各号型规格样板自动组合并形成优化裁剪方案,由自动裁床制成衣片,最后由吊挂缝制生产系统进行快速生产。数字化智能化 MTM&IM 系统由 6 个功能系统模块通过网络集成构建成,其组成如图 3-8 所示。

图 3-8 数字化智能化 MTM&IM 系统组成

(一)前台客户子系统

前台客户子系统由移动客户端 APP 和数字化三维人体测量系统两部分组成。客户用手机号码注册后登录,该系统具有客户管理、服装浏览、服装定制和订单处理 4 种功能的高端定制服务品牌。客户管理模块提供用户注册以及由此产生的如联系方式、送货地点和量体数据等信息;注册用户通过服装浏览模块可浏览该系统所展示的服装;服装定制模块分普通定制模块和特色定制模块两部分,在普通定制模块,用户可以定制系统展示的服装;在特色定制模块,用户需要通过选择服装的各个部件的不同款式并加以组合从而定制个性化服装;通过订单处理模块,可进入订单管理界面,查询与自己相关的订单信息,并可以随时取消订单,网站后台管理人员依据订单信息进行后续的服装生产以及送服装给客户等的处理。确认订单后,利用 BoSS-21 自动人体尺寸测量系统对顾客进行量体,生成正面和侧面两张高清晰图像,获得身高、颈围、胸围、腰围、肩宽等 67 项高精度人体尺寸的测量值。根据这些尺寸,系统可选择最为合适的服装尺码。同时还可以得到相关测量信息和适合服装尺寸的完整报告,建立最新的人体尺寸和服装尺码数据库,并以 Excel

或 Access 格式导出,将订单信息写入贯穿整个服装生产过程的射频卡中。

(二)生产样板子系统

订单信息通过网络传递到由规格表管理、样片设计模块和版型管理组成的生产样板子系统。生产样板子系统对订单信息进行处理,形成一个与每位客户对应的信息规格表。样片设计模块具有图形元素绘制、样片管理、样片放缩、度量、视图操作及文件管理等功能。样片设计模块结合已有样板数据库自动判号,并采用基于原有规格数据库的特殊体型识别及服装结构修正方法,生成修正过的衣片样板,再将样板自动排料,生成排料图传至裁剪工序的数字化自动裁床。同时还将优化方案进行存储并添加到自动排料方案中形成排料数据库。版型管理模块具有对各种版型对应的规格、工艺、尺寸及特体管理等信息管理的功能。

(三)生产工艺与设备子系统

生产工艺子系统具有分析判断、贮存以及查询等功能,可自动读取射频卡内的订单信息,根据客户选定的服装款式,制定出相应部位的工艺要求,从已建立起的工艺数据库中抽取相关资料自动生成各工序的工艺规程及工艺文件。生产设备子系统则是根据工艺要求,选择设备组织安排生产。采用激光自动裁剪技术、基于RFID 的感知物联网系统、吊挂及带式智能衣片输送技术、自动缝制单元、模板缝制系统以及部分机器人集成应用,推进全流程加工设备的智能化,使装备与工艺完美结合,实现单元自动化生产。

(四)生产计划子系统

生产计划子系统用来统计和监控生产订单的具体执行情况和完成进度,实现科学管理以便统筹安排生产。生产计划子系统在满足不同客户订单交货期要求的前提下,采取订单归并生产的方法,科学合理地制订生产计划,最大限度地减少产品内部多样化,实现批量生产效益。同时,生产计划子系统还可将新的订单归并到已有的生产计划中,实现生产计划的动态调整和管理。

(五)订单跟踪子系统

订单跟踪子系统可为生产企业和客户提供订单计划与订单查询服务。系统自动跟踪前台客户子系统形成的服装订单信息,具有订单详情查询、顾客列表和输入管理等功能。订单详情查询功能是输入订单号或扫描服装的射频卡,即可查询到订单的尺寸和物料信息,查看服装的局部、整体、工艺标准、订单工艺、订单详情。通过顾客列表和输入管理,可了解顾客的详细信息,并将所选择的客户款式信息、面料信息、特征尺寸信息及基本信息保存到客户订单数据库中。结合顾客体型数据库,可根据顾客每个部位的实际尺寸选择对应的版型。

(六)信息传输子系统

信息传输子系统是通过建立数据库,实现系统信息与 MTM 管理系统的有效对接,具有数据库构建、物料管理和客户信息管理三大功能,通过建立数据库管理服装款式及其样板。物料管理是对物料数据库进行编辑,可查询物料的详细信息,具有出入库管理、供应商管理、物量类型、数量管理和来料管理等功能。客户信息管理系统可查看、新建、修改用户信息,还有定制流程管理和客户品牌管理等功能。如图 3-9 所示。

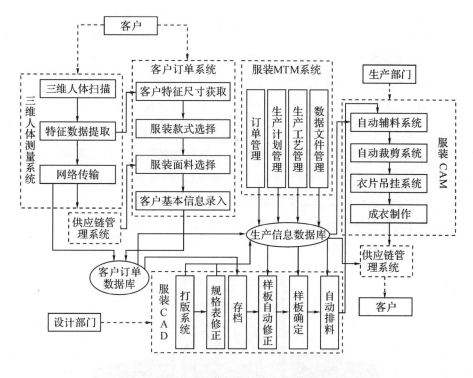

图 3-9 服装智能生产系统集成

通过服装智能生产系统的应用效果,解决了基于人工量体的量身定制速度慢、数据录入时间长、信息传递不畅、样板数据库少且容量小、修改样板速度慢、生产效率低、制作周期长和管理落后等现状;实现三维人体测量,自动选择和修正版型,生成排版图,优化裁剪方案并自动生产流转的过程;实现电子商务技术和服装生产技术的无缝对接,全程实现数字化信息即时传递,准确率达到 100%,使定制过程和生产过程更加高效准确,实现了高效智能数字化生产。

第四节 服装个性化需求的智能制造适配分析

一、服装个性化智能制造构成要素

（一）个性化智能服务

互联网化的需求 C 端倒逼制造 M 端升级，互联网及大数据技术将制造型企业和消费者紧密衔接在一起，消费者可通过智能推荐、体验式服务自主参与到服装设计中来。云计算、智能技术将消费者需求详情以高效且快速的传播方式传递至生产者。生产商依据市场需求变化安排各类物料采购、生产制造以及物流的运送，促使生产模式从大批量、标准化的推动式制造向市场需求拉动式转变。个性化智能服务全程以顾客为核心，主要体现在为消费者提供模块化设计、3D 扫描身体尺寸、虚拟试衣、定制人台等个性化服务。定制系统的模块化设计主要遵守 TPO 着装原则，消费者利用定制平台进入客户端填写真实信息然后开展自主设计，系统支持 TPO 款式模块把服装划分成领型、袖口、衣身、口袋等众多部分，使用者可参考提示内容按照需求进行搭配。此类定制方式可以让消费者直接参与设计环节中，和设计师共同制作出符合消费者需求的个性化服装，同时也可依据系统模块化单元的智能组合匹配完成定制服装设计。如图 3-10 所示。

图 3-10 用户个性化定制

（二）服装个性化智能定制平台

服装个性化智能定制平台采用线下预约量体服务与线上官网/APP端下单相结合的合作模式，满足用户个性化需求，将数据实时传送至平台组建数据库资源。同时，平台整合工厂资源进行订单分发，工厂端MTM系统经过与服装数字化智能定制平台的无缝对接，实现两秒钟自动读取数据，自动生成用户样板，串联起数据采集、网络下单，到智能版型设计和柔性化生产的全链条。另外，平台在研究推广的基础上，整合研发团队开发款式、搜集并积累行业数据资源，提供在线服装智能CAD系统和在线样板数据库资源，汇聚大量的服装企业、设计团队，进而吸引面料商/原材料供应商加入平台，最终形成强大的供应链匹配平台。通过平台协同制造的方式，利用数据实现客户端—平台端—工厂端的互联互通，从而引领服装产业向网络平台化转型。智能制造实现数字化智能生产的"个性定制＋小单快反"，产业组织方式由传统全产业链条式变为平台全渠道协同式。也就意味着，消费者今后可以通过互联网平台自主选择设计、选择材料、选择生产和服务，从根本上解决了传统的服装行业产品研发与消费者需求之间的鸿沟无法逾越这一难题。最终，双向互动式的服务交流方式，保证对客户的需求做出即时反应与处理，有利于提高供需双方交流的便利性、直观性以及数据传输的快捷性。服装数字化智能定制平台的搭建，也有利于弹性资源配置，提升资源利用转化率，降低库存与低效决策，从而共筑服装产业智能平台生态圈。如图3-11所示。

（三）数字化智能定制系统

伴随电脑和信息科技的研发与大范围应用，信息化功能目标不仅是取代手工劳动，还能承担少数脑力工作。服装智能定制系统的重要软件一般包含SCM、PLM、MTM、APS、WMS、MES等，去除软件系统之外，生产设施之间的联系也是信息化制造的主要内容。利用统一接口对制造及管理的不同方面进行汇总，利用传感器、数据通信设备把软件和设备联系起来，对生产环节进行管控，研究基础数据的集成与分析。现在对接虚拟试衣系统和CAD/CAM的3D测试设施、配备RFID射频设施的生产设施都属于信息化生产的一部分，通过利用数字化智能制造系统集成，了解消费者的心理、掌控市场未来发展特征，以此提高反应效率，实现高效率、低成本的生产执行体系。如图3-12所示。

二、服装个性化智能定制适配机制

服装因具有周期性、流行性和短暂性等特征，更加剧了服装市场的供需矛盾，

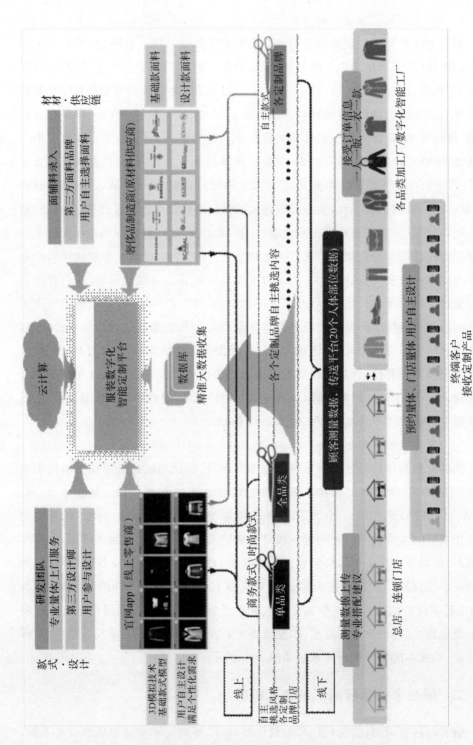

图 3-11 服装个性化智能定制平台

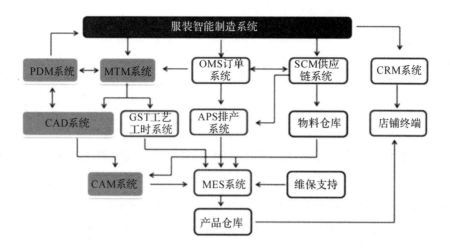

图 3-12 服装智能制造系统驱动流程

导致服装供需双侧不匹配,无法及时响应多层次、个性化和高端化的消费需求,服装个性化智能定制适配机制因此应运而生。服装个性化智能定制即利用大规模服装定制与智能生产系统在三维人体测量的基础上,由客户从线上线下选择服装款式,创建即时订单,借助云定制平台将订单信息实时传送到服装 CAD 及样板生成系统,系统自动选择并修改形成个体样板。各号型规格样板自动组合并形成裁剪优化方案,由自动裁床制成衣片,最终由吊挂缝制生产系统进行快速生产。利用产品可模块化设计和个性化组合的方式,实现客户个性化需求信息平台和各层级的个性化定制服务的互联互通,深度挖掘用户需求数据及分析服务,形成研发设计、计划排产、柔性生产、物流输送和售后服务的协同优化。基于大规模个性化定制的服装智能制造主要依赖以下适配环节:

(1)客户从移动终端、线下门店进行服装个性化定制,智能终端系统依据客户个性化需求,及时响应客户定制化订单的智能匹配。利用 CRM(Customer Relationship Management)客户服务管理系统,完善客户服务的即时动态源点反馈,在客户管理模块提供用户在线注册、服装定制、订单管理等功能。基于大数据信息技术,确保以客户数据管理为核心,实现订单结束后不同部门的无缝连接。

(2)客户选择的款式来自于服装定制产品的模块化设计或设计师智能推荐。确认订单后,客户通过预约量体的方式,利用三维测量系统对顾客进行全方位精准量体。应用三维计算机辅助设计、计算机辅助工艺规划 CAPP(Computer Aided Process Planning)、设计和工艺路线仿真等先进技术,实现产品数字化三维设计与工艺仿真,并结合产品数据管理系统 PDM(Product Data Management)与产品全生命周期管理系统 PLM(Product Lifecycle Management),开始将产品信息贯穿于设计、制造、生产、物流等各环节。

(3)在创建电子订单的同时,利用大数据技术对用户的个性化需求数据进行挖掘和分析,建立个性化产品数据库,实现用户数据与智能 CAD 系统参数模块的有效对接。依据个性化产品数据库,实现分析、判断、贮存以及查询等功能,根据客户定制的服装款式,生成出相应的部位工艺要求,从已建立起的工艺数据库中匹配相关资料自动生成各工序的工艺流程及订单个性化方案。通过订单的实时现场数据采集与分析系统快速建模的方式,更新数据库。实现从样衣出样开始跟踪开发过程、成本预算、服装档案汇总、样衣管理、面辅料开发管理及实现打样过程的数据闭环控制。

(4)数据库建模后,通过网络将订单信息传输至柔性生产调度中台,开展订单的数据实时收集、智能排程、智能调度。订单通过 MTM 智能制造系统、MES 制造执行系统与 ERP 系统软件的集成,以此优化柔性供应链管理。基于 RFID(Radio Frequency Identification)的感知物联网系统、吊挂及带式智能衣片输送技术、模板缝制系统、自动缝制单元以及部分机器人集成应用,推进全流程加工设备的智能化,使装备设施与工艺流程完美结合,实现单元模块化自动生产。通过监控和统计生产订单的具体执行情况和完成进度,科学合理地制订生产计划以统筹安排生产,达到资源配置优化,实现批量生产效益。同时,利用 WMS(Warehouse Management System)等智能化设备与软件的智能仓储系统的整合,实现生产计划的动态调整和管理。

(5)从订单生成到定制生产的全链条都基于开放式个性化网络智能定制平台,通过引导性订单智能管理系统、信息资源数据共享覆盖及云端大数据软件平台的支撑,实现前台客户服务系统、模块化样板设计系统、生产工艺设备数据系统及柔性智能生产系统等环节的网络集成,从而并行组织及协同优化。实现数字化、智能化驱动的订单信息、生产排单、订单跟踪、订单查询等功能,及时对订单整个生产进度预估和反馈,实时掌握从接单到出货的情况,形成与用户深度交互的供需双侧适配。因此,在服装个性化智能定制适配机制中,其服装智能定制环节主要表现在客户服务的智能化、产品模块化设计的组合性、网络协同智能制造平台的交互性、个性化产品数据库的完备性以及敏捷柔性智能制造的敏捷性等方面,具体内容如图 3-13所示。

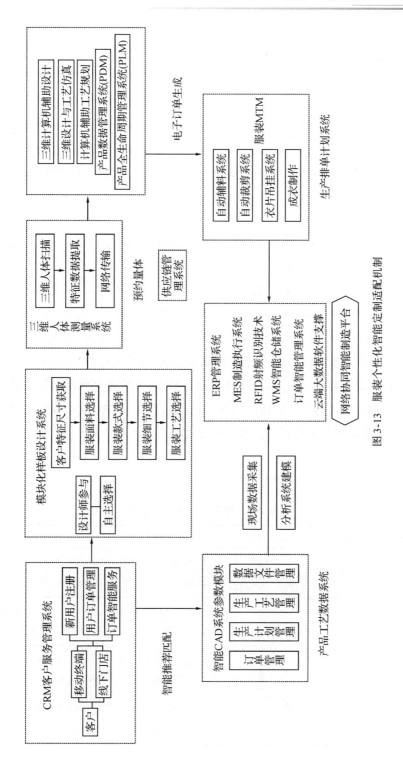

图 3-13 服装个性化智能定制适配机制

第五节　报喜鸟云翼互联智能制造平台定制模式

一、报喜鸟企业发展演变

浙江报喜鸟服饰股份有限公司成立于 2001 年 6 月,是一家以服装为主业,涉足智能物流、投资与金融等多领域的股份制企业。2007 年 8 月,报喜鸟顺利上市,使之成为温州区域首家在我国上市的鞋服公司。目前,报喜鸟公司拥有 1500 多个实体销售网点及覆盖主流销售平台的线上营销网络,温州、上海、合肥三大生产基地,年零售收入 50 多亿元,是我国服装行业百强企业。其中控股下属四个业务模块:凤凰国际本部、报喜鸟本部以及创投、宝鸟本部。近些年来,该品牌知名度不断提高,产品系列不断增加、服饰行业占有率持续提高。现在主要形成经典、商务、新锐、女装、高尔夫、皮鞋等多个系列的品类系统,如表 3-1 所示。除此之外,报喜鸟于 2015 年正式转型 C2B 全品类个性化私人定制,同时实行"一主一副、一纵一横"发展战略,即以服装为主业,以互联网金融为副业;主张纵向做深品类个性化私人订制,横向做广引进趋势性的休闲品牌,以合资、合作、代理、收购等方式进行优秀品牌的引入和品牌版图的扩张。报喜鸟通过经营自有品牌满足中高端商务人士的着装需求,旗下包括原创品牌报喜鸟(SAINT ANGELO)、专业高级定制品牌所罗(SOLOSALI)、时尚商务休闲品牌法兰诗顿(FRANSITION)。

表 3-1　报喜鸟品牌构成体系

品牌	发展阶段	品牌标识	品牌风格	目标消费群体
报喜鸟	成熟	报喜鸟 SAINT ANGELO	中高档商务男装品牌	30～50 岁自信、儒雅、尊贵的白领、商务人士
所罗	成长	SOLOSALI	专业意大利绅士定制品牌	30～50 岁追求精致、奢侈、精细的商务精英
哈吉斯	成长	HAZZYS	中高档英伦风格男女装品牌	20～40 岁时尚、有品位的新锐人士
恺米切	成长	Camicissima	极具性价比的意大利衬衫品牌	22～45 岁的中产阶层、商务人士

续表

品牌	发展阶段	品牌标识	品牌风格	目标消费群体
乐飞叶	潜力	lafuma	高档户外休闲品牌	30～50岁户外休闲爱好者
东博利尼	调整	TOMBOLINI	意大利轻奢男装品牌	35～45追求精致生活的中产阶层人士
云翼智能	潜力	云翼智能 YUNYIZHINENG	中高档私人定制服务平台	定制店、定制品牌商、服饰品牌商、定制贸易商
宝鸟	成熟	BONO	职业装团体定制品牌	统一着装需求的企业或组织团体
柯兰美	初创	CREMIEUX 38	中高档美式时尚休闲品牌	25～40岁高级时尚白领

近几年,报喜鸟企业自主促进转型发展,组建云翼智能平台,发展工业4.0智能化制造;将原有传统工厂升级改造为MTM智能工厂,率先引领服装产业探索大规模个性化定制之路,实现从传统制造向数字驱动智能制造的成功转型。

二、报喜鸟模块化设计、差异化定制参数

（一）各品类以及参数

报喜鸟云翼互联通过款式的建模、部件化拆解、款式搭配、部件搭配,到个性化定制环节的面辅料选择、工艺选择、尺寸测量,建设部件变化库与款式仿真库,统一标准化的基础数据支持私人定制,顾客可自由选择搭配组合形成个性化产品。报喜鸟拥有款式（品类、款式、版型、搭配）、面辅料（面料、成分颜色、文理）、绣花（字体、颜色位置）、工艺（贡针、卷边）等差异化定制参数,能满足超百万种的设计组合。如图3-14所示。

（二）定制服务模式

顾客可以不受时间以及地点的限制利用官网、移动网络、电商平台与渠道、门店智能终端等方式,直接进入报喜鸟企业创建的定制平台,参考消费者喜好进行DIY设计,通过输入面料、辅料、工艺、款式、领型、纱线颜色等个性化需求实时匹配个人体型数据。借助智能模型精准定位个性化需求并生成订单,消费者可以预约有关量体师、搭配师在72小时内上门提供服务。上交订单之后,还能全面追查

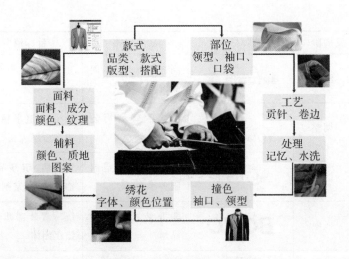

图 3-14　报喜鸟商品定制

服装的制造进度,全面查找订单在工厂内的生产状况,对定制服装的时间进行准确掌握。此外,消费者也能利用 APP 实时查找定制产品自动化、柔性化生产环节,且查找运送物流详情,对定制环节进行评估。如图 3-15 所示。

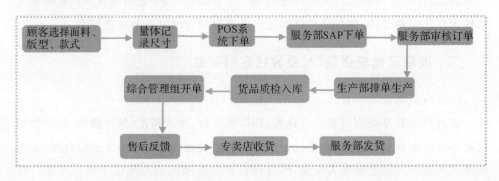

图 3-15　用户定制流程

(三)个性化制造流程

利用 PLM 产品生命周期管理系统以及智能 CAD 系统建设智能版型模型库,确保标准化、部件化自主配置以及模型参数智能优化,大规模推版效率明显比人工操作提高数十倍。使用大数据运算技术解决了大批量与个性化的效率冲突。利用智能排产系统,执行工厂高级生产计划,并运用可视化技术智能排产,跟踪生产进度并实时调整生产计划。

CAM 自动裁床系统接收排单、物料、版型、工艺等顾客信息之后,根据 CAD

版型数据,确保一衣一款的单件自主裁剪,此外效率和精准性较以往的人工提升了5倍左右。在智能工厂中,利用 RFID 芯片信息技术把订单变成无线电子工单信息,确保对订单详情的全流程可视化追踪;利用 PAD 与智能工艺系统的显示,引导工位根据订单个性工艺进行生产;利用智能吊挂系统确保一单一流;践行 MES 智能生产系统,通过自动化传感技术汇总吊挂及显示系统,智能、自主、精准地对所有生产环节以及操作开展管理,确保作业的有序、高效及全面追踪。个性化的服装下线之后,进入 WMS 系统,以精准化的物流方式传送给顾客;此外,通过 CRM 客户关系管理系统整合顾客全部信息、体型、穿着习惯等信息数据,通过大数据的精准模式提供更加专业的服务。

三、报喜鸟云翼智能平台

在国家供给侧结构性改革、中国制造 2025 等政策影响下,报喜鸟基于大规模、个性化定制的两大目标,推进"两化"深度融合,推行网络化、数字化、智能化等技术在制造和营销领域的开发利用,从企业战略、组织、研发、管理、生产、营销、品牌全方位融合互联网进行创新,打造更开放、更贴合用户需求的大规模个性化定制平台,创建报喜鸟云翼互联智能制造架构运行体系,首推服装行业云体系,作为产业互联网时代塑造服装行业新生态的创新之举,打造服装行业创业平台,加快从传统制造向智能制造转型。2015 年报喜鸟积极打造智能化生产,实现智能化制造的转型发展目标。开始着手筹划云翼互联智能系统,创造工业 4.0 智能化制造系统,将原有传统工厂升级改造为 MTM 智能工厂,率先引领服装产业探索大规模个性化定制之路。报喜鸟云翼智能平台主要将"一体两翼"结构作为核心。目前,MTM 智能制造透明云工厂是关键点,以私享定制以及共享大数据云平台作为辅助。2016 年,报喜鸟凭借云翼智能项目,成功列入国家工信部智能制造试点示范企业,也使得报喜鸟成为国内外定制加工业务最具核心优势的企业之一。

(一)私享云定制平台——智能化服务

基于 SAP 的明星产品,通过引进 Hybris 全渠道电子商务平台与大数据精准营销的方式提供进一步个性化服务。私享云定制平台构建 PLM、CRM、SCM 等系统,通过互联网定制平台,顾客可结合线上线下多渠道体验查看产品详情、体型历史、订单评价,比较咨询细节,体验换装渲染、在线下单支付、量体预约、查询订单状态等环节。利用中台系统的商品、订单、库存、会员的数据集合功能,形成具有 SOA 开放架构的数据中心,对前台全渠道销售进行业务支撑。利用后台 SAP、

WMS、PLM 等运营层系统对接收到的订单进行智能企划设计、发料、生产执行、推板、发货等工序。基础技术层能快速收集顾客分散、个性化的需求数据,形成强大的数据仓库,通过 MES、客流人脸分析等整合分析数据,达到精准智能服务的目的。如图 3-16 所示。

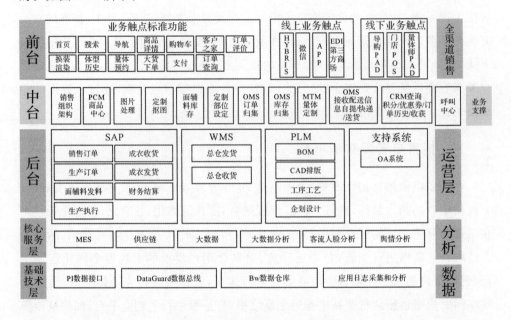

图 3-16　报喜鸟私享云定制平台

（二）分享大数据平台——个性化营销

报喜鸟于 2003 年开始在国内服装行业率先推出个性化定制服务,开辟服装行业个性化定制发展之路,2013 年推出全品类个性化定制服务。至今,搭建了包含流行元素的版型、款式、工艺等部件数据库,利用"互联网＋"大数据分析技术与智能制造平台的系统融合,积累服装行业数据高达十几亿条,能提供人体版型组合二十万亿款,可提供面料、配件数据二十万条,形成时尚智能制造大数据。

以此利用纷享大数据平台形成的面料库、BOM 库、版式库、工艺库、规格库、款式库,可支持设计师和小微企业创业,三年累计服务 5000 个设计师、500 家服装小微企业和工作室。分享大数据云平台同时具有向第三方工厂输出整套技术并实施改进的能力,可对产业链相关方开放共享。通过摄像系统规划与实施,集成 Hybris 的内容管理和社交媒体,分享和传播个性化定制的专属化感受,吸引更多消费者,形成独特报喜鸟定制文化。如图 3-17 所示。

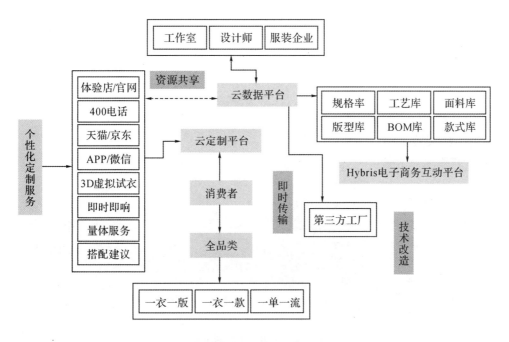

图 3-17　报喜鸟分享大数据云平台

(三)透明云工厂——数字化驱动

报喜鸟利用 PLM 产品生命周期管理工具以及智能 CAD 系统建设智能版型模型库,确保产品标准化、自主化、部件化配置和模型参数智能改版,研发智能排产系统,执行工厂高级生产计划,并运用可视化技术智能排产,跟踪生产进度并实时调整生产计划。CAM 自动裁床系统接收到产品款式、面辅料、版型等相关内容之后,实现个性化产品的打版以及自主裁剪。以智能制造数字化手段,实现产品的柔性化生产,特别是在生产过程中,利用数据来带动整体运转,通过数据的智能流动,打破时间与空间上的限制,优化资源分配,带动每个环节的高速运转,实现全程追踪。透明云工厂通过计算机辅助工艺过程设计、射频识别技术、企业生产过程实施系统、智能吊挂系统、自动裁床、智能 ECAD 和智能仓储等系统构建,全方位打造 EMTM 数字化驱动工厂。如图 3-18 所示。

四、数字化部件化智能化定制系统

报喜鸟云翼智能制造对大流水生产线进行了智能改造,通过工业智能化的手段,结合手工定制和大流水线生产的优势,做大规模的个性化定制,通过数据化、部

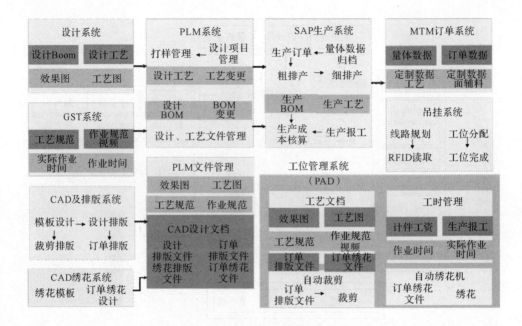

图 3-18　透明云工厂数据驱动

件化、模块化实现智能制造个性化定制生产,在提升生产效率的同时,也满足了消费者的多维度需求,可以做到每件衣服的个性化与品质化。

（一）数据化

数据化就是把传统的客户需求转换为体型、版型、工艺、面辅料四大数据,存储在智能衣架的 RFID 芯片中,通过无线射频扫描,在智能吊挂流水线上流转,进行工序生产,并将生产过程中的动态数据实时收集反馈。客户信息录入后可直接下单,实现了成衣库存从 50% 到 0 的转变。

（二）部件化

部件化就是将一件衣服分为前身、后身、袖子、领子、挂面五大部分,再拆分成若干部件,通过智能排版和智能吊挂个性化流水线以及手工制作,提升客户个性化定制服装的效率和品质。

（三）智能化

智能化就是整个生产制造过程智能化,即通过系统集合的制造过程智能控制系统,利用自动化传感技术、吊挂及显示系统,确保全过程智能流通、便捷精准地对396 道工序进行品控管理,全程作业运转有序、可视化追踪查询,完成管理和制造的无缝对接,最终实现自动化模块生产与人机协同,成为数字化驱动的智能工厂。

五、报喜鸟云翼智能制造模式效益分析

报喜鸟云翼智能制造平台搭建,突破服装行业高库存、低周转、高渠道成本的瓶颈,实现 C2B、C2M 模式的转型升级,创造颠覆性的新商业模式,迎合消费者多层次、个性化的需求。报喜鸟通过云翼智能制造项目实施,将工业体系进行智能改造,通过数据化、部件化、智能化进行生产,生产过程虽然是批量化、规模化的,但通过数字智能协同做到了部件装配个性化,效率得到了极大提升,实现了大规模个性化定制。以数字驱动智能制造的方式使生产效率提高 50%,物耗下降 10%,能耗下降 10%,交付时间由 15 个工作日缩短至 7 个工作日,单条流水线,实现日产量达 1000 套,年产量 35 万余套,同等产量生产人员精简 10%。同时,数字驱动智能制造转型升级也为报喜鸟带来良好的经济效益,实现定制产能年增长 50% 以上。报喜鸟云翼智能制造云数据做到了行业数据国内领先,拥有数千兆版型组合数据、10 亿条业务数据、20 万条面辅料数据。云翼智能制造工程,打破服装产业库存多、效率低、渠道费用高的限制,实现了 C2B2M 模式的转型升级,创造了颠覆性的新商业模式,满足了消费者个性化、时尚化需求。

第六节 总结与对策

一、总结

消费升级背景下,经济发展进入新常态,模仿型、排浪式消费阶段基本结束,个性化、多样化消费渐成主流,需求呈现高度"碎片化"和"离散性"。服装因具有周期性、流行性和短暂性等特征,更加剧了服装市场的供需矛盾,传统服装生产模式已无法满足定制化、个性化和多层次的消费需求。现阶段的供需矛盾促使服装企业向个性化智能定制模式转型升级。因此,本章针对大规模个性化定制服装智能制造适配及其案例展开分析研究。

本章的研究成果主要归结为以下几点:首先,剖析消费升级驱动个性化的因素,分析消费者个性化离散需求促使服装从传统服装定制到数字化智能定制转变。对比基于牛鞭效应的传统服装供应链模式与基于个性化需求的服装供应链"推""拉"变革,提出消费者从 C 端驱动 M 端的小批量、柔性化定制模式更能适应当下

的个性化定制需求。其次,梳理服装智能制造总体架构,提出个性化智能制造从个性化智能服务、个性化智能定制平台、数字化智能定制系统方面进行适配构成,并基于互联网的数字化大规模个性服装定制(MTM)和智能化生产(IM)体系的 6 大功能系统板块进行阐述。最后,结合大规模个性化定制服装智能制造企业红领、报喜鸟进行理论解析。通过借助大数据、云技术、物联网促使服装定制各环节高速运转,推动传统服装定制企业转型智能制造企业的落地与提质增效。

二、对策

在"中国制造 2025"的推动下,大数据、云计算、智能制造装备驱动传统产业向智能化方向转型升级,通过数字化、智能化、网络化方式丰富供给要素,提升产出效能,提高要素配置效率,推动我国服装产业经济发展转型升级。针对服装个性化定制智能制造转型升级,围绕"个性化营销体系""柔性化智能生产""协同化组织重构""集成化智能平台"四个方面提出以下几点对策。如图 3-19 所示。

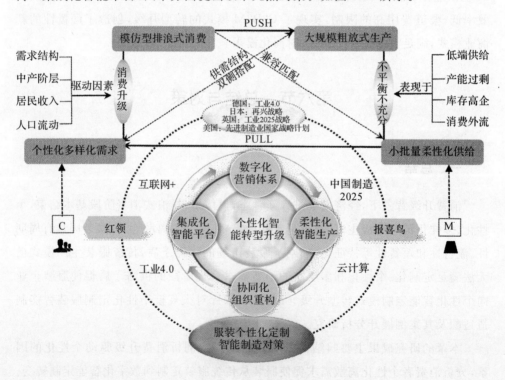

图 3-19　服装个性化定制智能制造对策

（一）数字化营销体系——实现服装个性化需求数据知识库

基于消费需求动态感知的大数据分析系统,利用大数据技术将用户类似属性、行为等特征进行分析,描绘出某类(个)用户的购买品类偏好、复购情况、购买频次分布等;实现线上和线下用户的数据打通,了解用户两种消费场景中的不同消费习惯及其相关性,从而实现有针对性的个体精准营销。此外,在对用户画像数据的深度挖掘下,完善个性化产品数据库和知识库匹配。个性化需求大数据主要包括款式数据库、人体数据库、版型数据库、服装工艺数据库和服装 BOM 数据库等,精准营销匹配的同时也为系统柔性智能生产提供良好的基础。

（二）柔性化智能生产——打造数据化驱动的服装智能工厂

智能工厂的重要载体是实现柔性化驱动,主要通过构建智能化生产系统、网络化分布生产设施,实现生产过程的柔性智能化。需将产品信息数字化、过程信息数字化和资源物料信息数字化,使服装知识链与数字流实现协同交换,以大数据为背景,实现自动读取数据,自动生成用户样板,从数据采集、网络下单,到智能版型设计和柔性化生产的全链条数据驱动。全员通过"互联网十"大数据的柔性供应链传导机制,实现人机协同、产品协同、企业协同,实现数据在个性化需求与柔性生产方面的链接,从而打造数据驱动的柔性化服装智能工厂。

（三）协同化组织重构——利用互联网技术重构服装智能制造

在服装生产装备领域,智能工厂之间的地理边界隔离已成为过去,模块化生产方式成为现实。通过"互联网十"大数据技术,重构组织模块工厂的方式相互衔接、即时匹配、快速响应的小单快反柔性生产机制,构建服装供应商或装备制造商生产能力共享网络系统,最大限度地实现本地生产组织的优化,提升基于个性化的大规模小批量订单全流程的柔性生产与协作共享能力。

（四）集成化智能平台——搭建供应链协同服装智能定制平台

通过"数据集成共享十需求集成融合"的方式实现集成化服装智能制造平台。基于云平台的多供应链协同模型,应以数字化、柔性化、智能化和网络化的生产设备为基础,应用数据采集及分析系统,实现设备在线诊断、产品质量实时控制等功能。建立基于大数据采集、汇聚、分析的个性化服务体系,支撑制造资源供需匹配、弹性资源、高效定制生产的赋能型载体。

第四章 "互联网＋"服装个性化定制智能制造评价

第一节 服装个性化智能制造评价体系构造背景

一、国家政策的引领

"中国制造 2025"是以新一代信息技术与制造业深度融合为主线,进一步推进智能制造在各行各业发展的国家战略。随着世界各国在新一代智能制造的核心技术、发展理念、制造模式等方面的不断变革,美国提出"先进制造业伙伴计划"、德国提出"工业 4.0 战略计划"、英国提出"工业 2025"、法国提出"新工业法国计划"等,它们都希望重塑制造业的发展路径,将产业生态系统的集成化和智能化制造系统、智能化装备逐步贯穿于"设计、生产、管理、服务"等制造过程的各环节,构建具有深度自感知、智慧自决策、精准控制自执行系统,使跨企业、跨行业和跨产业的多维度互联更加普及。为了实现企业生产效率的提高和生产成本的降低,企业选择智能自动化的生产制造方式是必然的结果。如何将智能数字化制造的理论融入企业生产中,建立一种产品质量稳定、快速换模、可灵活调整的智能评判标准,是当前服装行业亟待解决的问题。

二、服装产业的变革

随着消费行为受到文化因素、社会因素、个人因素、心理因素等多方面的影响,传统服装消费市场发生了巨大变化,主要体现在购买行为的分散性、差异化、多变性等方面,这也引起了个性化的消费形式与传统的生产方式的冲突,这主要体现为加工成本、生产方式、管理体系、供应链等的差异性。此外,消费观念的转变,促使消费者对同类服装商品的需求量日益减少,取而代之的是对时装化、个性化和品位化追求的不断增加,小批量、多品种将成为服装行业的发展趋势和新常态。因此,以顾客为中心的服装量身定制便应运而生,且越来越受到广大消费者的青睐。但随着个性化需求的日益增加,基于人工量体的量身定制速度慢、数据录入时间长、信息传递不畅、样板数据库少且容量小、修改样板速度慢、生产效率低、制作周期长和管理落后等缺点也逐渐显现出来。为了满足个性化生产需求,我国服装企业应快速响应个性化增量市场,适配个性化需求,以此实现服装行业个性化智能制造标准调度。

三、智能制造模式转变

工业发达国家在过去的 40 年内均完成了从大批量生产到智能生产制造模式的转变,随着数字化和信息化技术向服装制造业的渗透,精益生产(LP)、敏捷制造(QRS)、计算机集成制造(CIMS)、柔性生产制造(FMS)、大规模定制生产制造(MC)、模块式生产制造(MP)等生产变革推动了智能化生产的深度发展,而网络协同制造、云制造(CM)、绿色制造(GM)、增材制造(3D 打印)、智能制造(IM),则满足了消费市场的个性化需求。目前,我国制造业推进的重点是数字化、网络化、智能化,即采取并联式发展,实施"并行推进、融合发展"的技术路线,实现对西方发达国家的赶超。根据《智能制造能力成熟度模型白皮书》,采用智能制造能力成熟度模型(Capability Maturity Model,CMM)来评价企业智能制造水平。该模型将智能制造能力成熟度划分为规划级、规范级、集成级、优化级与引领级,具体内容如图 4-1所示。

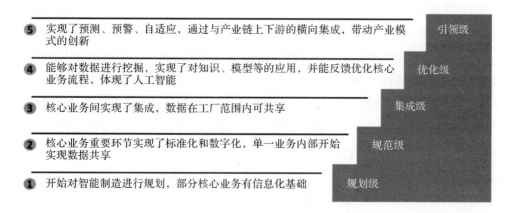

5 实现了预测、预警、自适应,通过与产业链上下游的横向集成,带动产业模式的创新 —— 引领级

4 能够对数据进行挖掘,实现了对知识、模型等的应用,并能反馈优化核心业务流程,体现了人工智能 —— 优化级

3 核心业务间实现了集成,数据在工厂范围内可共享 —— 集成级

2 核心业务重要环节实现了标准化和数字化,单一业务内部开始实现数据共享 —— 规范级

1 开始对智能制造进行规划,部分核心业务有信息化基础 —— 规划级

图 4-1 智能制造能力成熟度模型

第二节　服装个性化智能制造评价体系构造思路

一、服装个性化智能制造评价体系构造的目的与意义

（一）目的

经济发展进入新常态，模仿型排浪式消费阶段基本结束，个性化、多样化消费渐成主流，需求呈现高度"碎片化"和"离散性"，需着力推进供给侧结构性改革，应对需求侧的易变性、复杂性和模糊性。服装本身具有周期性、流行性和短暂性等特征，更加剧了服装市场的供需矛盾。面对需求侧不确定性，我国服装企业应如何响应消费升级驱动的个性化增量市场，适配个性化需求，以此实现服装行业个性化智能制造标准调度。本书将大规模个性化定制作为切入点，围绕"服装智能制造评价体系"，梳理"服装个性化""服装智能制造""服装智能制造评价体系"的文献脉络，基于调研实证，建立基于个性化需求的服装定制智能制造评价体系。

（二）意义

以往对服装个性化智能制造的研究主要集中在演化路径、模型框架、评价指标体系、企业转型升级对策等方面，虽然一些学者从个性化需求方面进行深入研究，但其主要是从理论研究智能制造入手迎合服装发展，满足消费者快速反应的现象；以大规模个性化定制的服装智能制造评价体系研究相对较少。本书旨在从供需双侧结构性视角建立服装个性化智能制造评价体系。进而帮助服装定制型企业改善技术要素配置，提升产品快反效率与定制标准的流程化，帮助商品市场调节与优化供需结构，提供理论及实践指导，为今后的服装个性化定制智能制造评价体系研究积累一些借鉴素材。

一是迎合了当前我国正在促进的供给侧改革，即要缩减无效低端供给、增加有效高规格供给、处理当前存在的结构性有效供给不足等问题。此外，服装个性化智能制造也有助实现多企业的组织协同，提高技术以及市场要素等协同配置效率，提高产品综合质量以及业务水平，有助于提高制造企业的经济效益和市场竞争力。二是消费迭代不断升级，需求不确定，产品生命周期短，周转速度快。消费者对个性化、定制化、时效性提出更高要求，能够满足"个性化、小规模、周期可控"特点的服装个性化智能制造评价体系应运而生。

二、服装个性化智能制造评价体系构造的主要内容与技术路线

本书按照聚焦"大规模个性化定制服装智能制造评价体系",沿着"服装智能制造研究背景→个性化需求、智能制造、服装个性化智能制造评价体系文献梳理→服装个性化智能制造评价体系构建及确立研究"的研究主线推演逐次展开三大主要内容,揭示消费升级驱动的个性化、多样化需求变迁,剖析服装供给侧结构性不平衡、不充分的产业发展现状,破解"有需求缺供给"的突出矛盾,推动国家政策引领下的服装智能制造转型升级与企业智能评判标准落地。如图 4-2 所示。

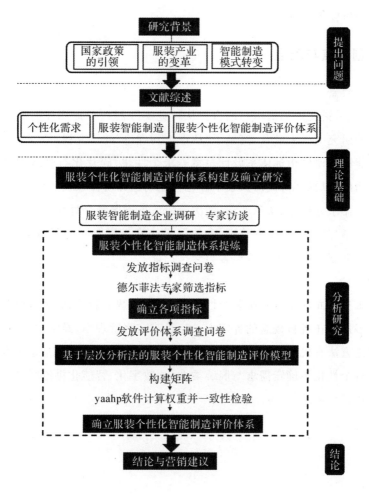

图 4-2 技术路线

三、研究方法

本书主要使用文献分析法、实地调研法、专家访谈法、德尔菲法、层析分析法、综合评价辅助软件(yaahp)统计分析法等理论和实证,融合不同研究模式。首先,主要使用文献研究法,对研究个性化需求、服装智能制造、服装个性化智能制造评价体系进行全面的文献整合,将专家学者们的研究结论作为本研究的重要理论依据。其次,开展服装个性化智能制造评价体系企业调研、专家访谈以及调查问卷的发放,通过德尔菲法进行指标筛选,基于层次分析法的 yaahp 软件确定服装个性化智能制造评价体系权重。

四、创新点与难点

(一)创新点

第一,供需错配困局揭示与剖析。从行业实践问题中提炼并揭示供需错配困局。此前的研究中尚未触及,突破了"从理论到理论"的研究视野窠臼。第二,服装个性化智能制造评价指标体系设计。将需求个性化、碎片化与服装供给侧综合运用于供需错配困局破解,提出服装个性化智能制造评价体系及其优化的创新观点。运用供给—需求分析法、德尔菲法、层次分析法推进服装个性化智能制造评价体系来破解供需错配困局,将流程管理、大数据云计算与智能制造等相结合,实现多学科在服装智能制造体系上有效整合与交叉论证。

(二)难点

一是难在前面的学者对服装个性化需求、服装智能制造、服装智能制造评价体系的研究多停留在各自概念的界定上。二是难在将管理学、经济学、系统动力学等多学科理论方法有机运用于服装个性化智能制造适配研究。三是运用数学统计方法将消费者个性化不确定需求与服装柔性化、数字化、智能化供给联系起来并构建服装个性化评价体系。

第三节 服装个性化智能制造评价体系的相关理论

一、服装个性化需求

（一）服装个性化需求界定

国内外学者从经济学角度对个性化进行了较多的研究,研究主题主要包括:①个性化技术层面的研究:在个性化产品数字化、顾客需求预测生产、体型分析与智能修订、个性化服装合体性评价模型等技术方面进行了较为深入的探讨,运用定量和定性的方法,拓展了个性化需求技术层次的研究深度。②产品差异形式研究:Hanson(2000)指出个性化是品牌差异的重要形式,在上述形式下,可以为所有独特的个体设计定制化解决方案。黄绿蓝(2017)指出对某个产品或是服务的部分特点,实施个性化定制,可以让顾客体验到更专业的便捷服务、更低的价格成本。刘益(2015)通过消费者行为、产品形式创新、纵向差异化策略指出让某个产品或是业务服务部分符合个性化需求,顾客可以得到更专业的服务,减少所花费的费用。③个性化发起者研究:Wind&Rangaswamy(2009)指出个性化可以被顾客或者公司发起。个性化可以为顾客带来更高的效益,比如更高效的偏好匹配、更专业的产品和服务、更顺畅的互动和体验。刘俊华(2016)指出顾客不会变成以往模式中服务产品的被动者,开始变成服务和产品的自主参加者。此外,还指出个性化体现在下述特点:以消费者为核心、明显的差异性、无形性、无法分离性等。方娇(2016)认为个性化消费者将不会变成以往传统思维中服务产品的被动接受者,而是成为开始跟进到服务和产品设计环节的主动参与者,为个性化服装定制提供了重要的参考依据。如表 4-1 所示。

（二）服装个性化需求综述

国内外学者的研究主题主要包括:①服装个性化实现形式研究:吴迪冲(2012)指出"互联网十"不仅可以影响生产的数量和层次,即催生供给侧改革,而且可以影响消费个性化趋势,即催生需求侧改革。利用智能制造促进行业转型发展,促进生产形式改革,推动个性化定制生产方式。腾炜(2015)认为服装企业个性化服务水平与成本收益之间的均衡问题,个性化服务策略才是企业动态演化的方向。②服装供应链协同角度研究:李志浩(2015)指出服装供应链复杂,需求变动迅速,节点

表 4-1 服装个性化需求界定

研究主题	研究内容、视角	国内外代表性文献
个性化技术层面研究	对产品数字化、预测生产、体型分析智能修订、评价模型等技术进行了探讨	JariVesanen(2007);Ross(1992);东苗(2014)周立柱(2002);詹蓉(2008);齐兴祥(2013)
产品差异形式研究	消费者行为、产品形式创新、需求不确定条件下的纵向差异化策略研究	Hanson(2000)Peppers(1999);黄绿蓝(2017);刘益(2015);常艳(2013);成果(2015)
个性化发起者研究	从产品匹配、沟通、体验、服务等角度研究个性化发起者主动或被动参与情况研究	Rangaswamy(2009);刘俊华(2016);何森鹏(2014);Muditha(2010);高雅(2014);方娇(2016)

公司数量多,因此导致服装供应链在现实运营时期体现出一定的变化性和复杂性,要想高效、全面满足所有顾客群体的个性化需求就需要创建完整的企业协作、彰显自身优势的个性化服装供应链系统。韩永生(2015)提出运用互联网、云计算、商业智能(BI)、大数据挖掘、智能制造技术构建面向协同的服装供应链快速决策支持系统,在设计开发、物流分销和信息化管理等方面实现服装供应链的数字化、信息化、柔性化、协同化。经过文献时间脉络梳理,个性化由消费者或者企业发起,成为持续研究的重点。个性化需求助推市场发展,消费升级、新兴制造技术以及互联网的发展促使商家可以全面满足消费者以往无法被达成的需求。如表 4-2 所示。

表 4-2 服装个性化需求综述

研究主题	研究内容、视角	国内外代表性文献
服装个性化实现形式研究	服装大批量定制模式、个性化定制策略以及产品的研究	吴迪冲(2012);LENDA(2009);王茜(2016);腾炜(2015);李俊(2004);刘正(2016)
服装供应链协同角度研究	面向协同的服装供应链快速决策支持系统构建,实现数字化、信息化等融合	Hanson(2000);Peppers(1999);李志浩(2015);韩永生(2015);顾新建(2006)

二、服装智能制造研究综述

（一）服装智能制造界定

智能制造的提出，国内外反响强烈，学术界对其研究也不断深入，并取得了显著的研究成果。①智能制造演化路径研究：王友发（2016）指出智能制造表示在产品整个生命周期内，在全新自动化科技、传感科技、拟人化智能科技、互联网科技的前提下，利用智能方式实现智能化体会、交互、实施，达成制造设施与具体环节的智能化目标。其中涉及智能制造技术、智能制造设施、智能制造系统、智能制造服务和相关个性化产品等多种范围。②智能制造概念模型及关键技术研究：王茹（2017）认为互联网及大数据的智能制造体系概念模型与管理理论框架，是基于网络和大数据为基础的智能项目、核心智能制造水平、智能制造的知识监管项目，和以网络与大数据为基础的智能联盟四个主要子系统组成。通过人机协作、智能机器人技术提高服装生产效率、维持产品一致性，更好地应对服装复杂化、小批量的柔性化生产，开创智能制造新格局。闻力生（2017）也认为智能制造是服装制造业由传统制造向现代化制造发展的必然。依据服装企业智能制造总体架构、主要内容及特征，提出实现我国服装企业智能制造必须抓"三衣两裤"示范企业和分三个阶段来进行。③智能制造体系标准框架研究：李清（2017）提出服装智能制造系统架构通过生命周期、系统层级和智能功能三个维度构建完成，用于解决智能制造标准体系结构和框架的建模研究。在物联网的基础上融入数字孪生技术，为个性化产品全生命周期提供服务。利用 OPC-UA 信息技术互联模型按照一定的架构标准进行采集分组并进行应用分析，实现互联、协同的机制。如表 4-3 所示。

表 4-3 服装智能制造界定

研究主题	研究内容、视角	国内外代表性文献
智能制造演化路径研究	智能制造定义、全球趋势与中国战略；智能制造的基础组成及热点领域研究	H. S. Kang（2016）；王友发、周献中（2016）；王媛媛（2016）；习润东（2018）；周宏仁（2018）
智能制造模型及关键技术研究	智能制造装备、人机协作、新一代机器人技术；智能算法的智能质量管理模型	王茹（2017）；任怡（2018）；吴永强（2017）；侯瑞（2018）；杜宇（2017）；闻力生（2017）
智能制造标准框架分析	人工智能、智慧工厂、智能系统；数字孪生技术、OPC VA－智能制造的数据依据	李清（2017）；刑帆（2018）；林浩、韩庆敏（2017）；F. Tao（2016）；纪丰伟（2017）

（二）服装智能制造综述

国内外学者的研究主题主要包括：①服装智能制造现状及趋势研究：米川良（2018）提出发展智能制造可以提高国内服装行业的自动化、技术化、智能化程度，确保国内服装行业在世界上具有领先地位以及主要优势，服装作为多学科交叉应用行业，在推进服装个性化智能制造转型升级的过程中，应整合资源，将科研成果产业化，确保服装基础设施、生产环节、制造模式、管理策略和产品的智能化，构建智能制造体系最终帮助企业在新的竞争环境中形成新的竞争优势。②服装智能制造转型升级对策研究：孟凡生（2018）提出从技术创新、扶持政策、全新信息科技、人才培育、集成互联、数字化升级等因素正在影响服装智能制造的发展。借助"互联网＋云计算＋大数据＋智能设施"，扭转以往服装定制和成衣生产以及营销状态，创建汇聚"人体尺寸—虚拟试衣—服装样版—定制加工—仓储物流"高效对接的服装智能制造评价体系，既为顾客提供独特的定制产品，也为行业以及公司提供成熟的个性化定制数字处理方案。如表 4-4 所示。

表 4-4　服装智能制造综述

研究主题	研究内容、视角	国内外代表性文献
服装智能制造现状及趋势研究	服装智能生产系统、智能化服装工艺模板；智能制造创新研发设计模式；智能制造对服装定制的影响及其对策建议	闻力生（2017）；刘宇（2018）；张志斌（2017）；墨影、孟庆杰（2017）；米良川（2018）；龚柏惠（2018）；纪丰伟（2017）
服装智能制造转型发展战略分析	智能制造发展影响因素、智能制造发展途径及机制对策；智能制造生态系统耦合策略	孟凡生（2018）；李松（2017）；王晟（2018）；贺琪尧（2018）；A. Kusiak（2018）；周济（2018）

三、服装个性化智能制造评价体系

（一）服装个性化智能制造评价体系界定

伴随服装智能制造能有效快速响应消费者需求，众学者对智能制造评价体系的标准化研究进行了不断的深入。研究主题主要包括：①智能制造类别划分：浙江省经信委发布了《智能制造评价评价办法（浙江省 2016 年版）》，将智能制造类别进行划分，分别为离散型智能制造评价标准、网络协同型智能制造评价标准、流程型智能制造评价标准、大规模个性化定制型智能制造评价标准以及远程运维服务型智能制造评价标准。②服装智能制造体系关键要素研究:肖静华等(2016)从个性化服务、车间/工厂、智能平台、企业协同四个层级提出服装智能制造关键要素,并提出通过搭建个性化智能定制平台,打造智能产品全生命周期链,更好地将智能制造个性化产品与设备智能制造数据互联。如表4-5所示。

表 4-5　服装个性化智能制造评价体系界定

研究主题	研究内容、视角	国内外代表性文献
智能制造评价体系研究	智能制造类别划分	浙江省经信委《智能制造评价办法(浙江省 2016 年版)》
服装智能制造体系关键要素研究	服装关键体系要素;共享制造、智能产品、智能互联平台搭建	肖静华、毛蕴诗、谢康(2016);刘峰、宁键(2016);姜红德(2018);方毅芳(2018)

(二)服装个性化智能制造评价体系综述

国内外学者的研究主题主要包括:①服装智能制造体系架构研究:徐新新(2017)提出根据服装智能制造的特征,设计服装智能制造评估系统所选择的一级指标包含五个:智能设备、工业互联网、价值链协同、智能服务和效益。尹峰(2017)在探讨智能制造的概念、系统架构和关键要素之后,从生产线、车间/工厂、企业、企业协同四个层级提出智能制造评价评估指标,且使用层次分析法确定不同指标的具体权重系数,构建完整的指标系统,为制造业企业开展自评估诊断提供方法和标准。苏贝(2016)认为产品市场需求、智能技术创新、智能设施资源、智能交互水平、数字化集成水平、服务平台等是影响服装制造智能化程度的主要条件,而市场竞争能力作为主要调节变量,全面研究上述因素所具有的深刻影响,确定六个主假设、十八个分假设,总共二十四个假设。②服装智能制造评价指标研究:彭卉(2016)提出以感知价值为切入点,建立基于数字化智能化定制模式的评价机制。对顾客感知价值提出 7 个维度以及相应的 21 个测量问项。韦莎等(2017)以我国智能制造系统架构为出发点所提出的标准研究思路,以及术语、通用要求、需求交互规范、模块化设计规范等大规模个性化定制重点标准。李晗(2018)研究了构建一体化、面向个性化定制的智慧服装生态系统(SG-ECO),并重点针对 SG-ECO 中的个性化服装定制平台(SG-PGCP)以及个性化定制服装的协同生产相关问题进行了研究。周文灿(2016)针对个性化服装样板智能设计数据库快速响应服装智能制造,利用信息抽取相关技术以及关键信息判定规则构建了服装智能制版模型。王亚赛(2017)建立了科学合理的供应链柔性智能评价模型,且使用主客观赋权法相融合的结构熵权法明确不同方面的权重向量。如表 4-6 所示。经过文献归纳分析智能制造是服装制造业转型升级的必然,成为持续研究的重点。服装个性化智能制造可以提高产品质量以及综合效率、破解供需瓶颈以及颠覆传统思维模式。通过服装个性化智能制造总体架构,搭建智能制造企业评价指标以此解决供需双侧不平衡、不充分的现象,利用先进智能制造技术及标准化模块框架满足消费者个性化定制需求的精准匹配。

表 4-6　服装个性化智能制造评价体系综述

研究主题	研究内容、视角	国内外代表性文献
服装智能制造体系架构研究	服装智能化转型升级关键要素、服装智能制特征、服装智能制造评估方法	田苗、李俊(2017);谢宝飞(2016);徐新新(2017);王媛媛(2018);郑志强(2017);李松(2016);尹峰(2017);苏贝(2017)
服装智能制造评价指标研究	数字化智能化定制运营模式、个性化定制智能制造、大规模个性化定制技术与标准、供应链柔性智能评价、样板智能设计知识库	李晗(2018);段然(2017);马琳(2017);梁道雷(2018);彭卉(2016);朱琳(2016);王亚赛(2017);尹峰(2017)

四、小结

综上所述,现有研究在以下几个方面取得了进展:①上述学术脉络和动态已经从演化路径、服装供应链、关键技术框架、评价指标体系、企业转型升级策略等视角进行了深入研究,为本书的后续开展提供了参考和借鉴。②学者们针对"个性化需求""服装智能制造""服装个性化智能制造评价体系"进行了较为深入的研究,有助于发现现有个性化需求驱动的服装智能制造模式以及相适应的服装个性化智能制造评价体系。③在系统科学的引领下,有关个性化定制智能制造已开始融合复杂网络特征,结合供需理论及相关产业背景,以服装行业为例对可追溯机制进行了初步研究。

第四节 服装个性化智能制造评价体系构建

一、服装个性化智能制造评价体系构成分析视角

（一）服装个性化智能制造评价体系研究现状

随着《中国制造2025》国家战略的推进，对智能制造评价体系的研究，多以国家权威文件、研报文献的形式作为理论依据。2016年浙江省经信委发布了《智能制造评价评价办法（浙江省2016年版）》，用于量化评价智能制造水平的评价标准，将智能制造类别进行划分，分别为离散型智能制造评价标准、流程型智能制造评价标准、网络协同型智能制造评价标准、大规模个性化定制型智能制造评价标准以及远程运维服务型智能制造评价标准，通过不同行业类别构建智能制造评价标准，以此全面推进制造业转型升级。李清等人围绕智能制造系统架构、参考模型与标准化框架开展深入分析，提出智能制造信息系统应用架构、智能制造标准化参考模型，推测出具体的标准化框架。关于智能制造评价体系的研究已成为众学者研究的热点，在根据国家权威文件等相关模型的研究基础上，一些学者聚焦在服装行业智能制造评价体系的研究。

服装智能制造体系架构主要针对智能服务、智能技术、智能装备、智能生产、智能平台、企业协同等方面展开。而服装智能制造评价指标则是通过定量的方式，在顾客个性化服务、模块化设计、个性化定制平台、服装智能制版技术、敏捷柔性智能制造某一环节上展开。通过分析和总结各专家学者关于服装智能制造指标体系的相关文献研究结论，本书以浙江省经信委战略文件中的"大规模个性化定制智能制造"和众多学者所构建的服装智能制造评价指标体系整合为基础，结合消费升级背景下，供需双侧错配现状，以个性化需求为源头，从客户智能服务、模块化设计方法、网络协同智能制造平台、个性化产品数据库、敏捷柔性智能制造、智能制造企业效益六个维度全面系统地评价服装个性化智能制造各环节。

（二）服装个性化智能制造实地调研

1. 服装个性化智能制造实地调研

为合理构建基于大规模个性化定制的服装智能制造评价，本研究采取在理论分析的基础上对接服装企业实践。在2018年4—9月期间，我们走访了全国数十

家服装智能制造模范企业,其中包括青岛酷特智能股份有限公司、报喜鸟控股股份有限公司、华鼎集团控股有限公司、东蒙集团有限公司以及夏梦意杰(中国)服饰有限公司等龙头智能制造转型企业,在服装行业智能制造、大规模个性化定制、个性化定制平台建设、供应链创新等方面开展标准研制。如图4-3所示。以调研走访参观的方式近距离学习参观云翼智能科技,了解供给端透明云工厂、需求端全渠道客户解决方案和整合产业链上下游的生态圈平台;实地观摩了PLM产品生命周期管理系统和智能CAD系统的智能排产技术,实时体验了线上自主定制的3D仿真技术。为基于大规模个性化定制的服装智能制造评价体系构建作铺垫,使智能制造评价体系建设更具广泛性、先进性和代表性。

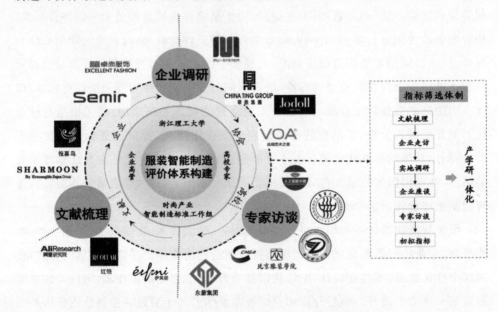

图4-3 服装个性化智能制造评价体系构建基础

2. 服装个性化智能制造深入访谈

通过服装智能制造企业实地调研,邀请企业负责人座谈、专家论坛的形式,针对时尚产业智能制造标准建设、服装智能制造系统运行、大规模个性化智能定制以及服装智能制造供应链为主体深入钻研。切实讨论对智能工厂、智能软件系统、制造环节智能化、供应链柔性智造管理平台、智能制造评价体系以及个性化服务端到端数据流等方方面面开展深入访谈。结合理论与前期调研相结合的方式,提前设计访谈框架,带着问题与专家深入访谈,以此为服装个性化智能制造初拟指标做好前期基础工作。通过严谨的理论分析和调研访谈,以个性化需求崛起为切入点,以此实现评价体系的系统科学性。

二、服装个性化智能制造指标体系构建

(一)服装个性化智能制造指标体系构建原则

1. 评价体系设计原则

建立服装个性化智能制造指标体系的总原则是:基于服装个性化需求的研究维度,建立一系列相互关联,能够相对有效地反映服装智能制造的详细指标,所有指标的层次关系应具有相应的结构性,指标的筛选需做到科学合理性,该指标体系的制定是否科学关乎着能否精准体现服装企业的智能制造能力。本研究建立的指标体系遵循以下几项原则:

(1)科学性。指标系统的创建需要体现出相应的层次性,以核心层指标为基础不断分散,分解成众多具体指标,上述系统内的所有指标设计都需要遵从客观规则,此外确保各指标可以根据相关标准进行赋值,最终开展评价研究。指标的概念、分类、范畴、信息筹集、统计方式、明确权重等都需要有一定的合理凭证。

(2)可比性原则。在制定服装智能制造评价指标体系时,选择的指标需要体现出大规模个性化定制型服装企业的个性与共性,因此才能大规模个性化定制型服装企业开展公平的对比评估。统计口径以及范围需要尽可能维持相同,并在时间上确保指标的稳定性,以便保证历史资料数据的可比性。

(3)全面系统性原则。构建基于大规模个性化定制的服装智能制造评价指标体系,不同指标间不仅要相互独立,而且必须相互联系,坚持从多方面、多角度全面呈现服装个性化智能制造,且让评价目标以及指标能有效地结合起来,组建相对科学以及严密的、逻辑层次清晰的整体评价指标系统。

(4)可行性与可操作性原则。主要目标是对服装个性化智能制造水平开展评估,具体的设计需要根据现实情况进行,并思考信息获取的方便性、可执行性以及容易操作性,挑选指标的时候尽量简单,坚持少而精的原则,统计公式要体现出科学性,便于使用和普及。

(5)定性定量相结合原则。利用查阅现有研究的结论与实际相结合的方式,得出服装个性化智能制造体系框架的方方面面。有些因素可以量化,有些因素却难以量化,如个性化智能推荐匹配覆盖率,系统模块化智能推荐可以实现量化,网络协同智能制造平台建设和敏捷柔性智能制造的制定和实施等相关因素无法开展定量分析,由于上述指标在评价系统内具有不容忽视的作用,所以,本分析在制定上

述评价指标系统的时候，主要遵守定性研究及定量研究相融合的理念。

2．指标选取方法

评价指标体系的选取方式通常是频度计数法、案例研究法和专家咨询法。

（1）频度计数法：通常是对现在个性化服装智能制造、服装智能制造评价体系等领域有关内容、分析报告开展频度计算，精准挑选出频率相对高的指标，将其添加到整个指标系中。

（2）案例研究法：评估指标系统的选择可借鉴行业有关案例情况，学习相关领域所使用的评价指标，根据实际评价需求，综合挑选针对服装个性化智能制造评价的科学性指标。

（3）专家咨询法：在初步制定评价指标体系以后，开始询问相关专家学者的看法和观点，优化与改善指标，以此确认权威性的评价体系。

这里一级、二级和三级指标的选择使用上述三种方式。通过实地走访多家企业调研访谈，在运用频度分析法及服装智能制造文献初步构建出基于大规模个性化定制的服装智能制造评价指标体系之后，咨询行业内关专家意见，改善和优化具体指标体系，最终得到比较合理、准确的服装个性化智能制造评价体系。

（二）服装个性化智能制造指标体系提炼

通过文献梳理、服装智能制造企业实地调研以及专家访谈的方式，对服装个性化智能制造指标体系进行提炼，具体指标说明如下。

1．客户智能服务水平

通过文献梳理以及专家访谈判定客户智能服务水平的程度。主要指标为个性化智能推荐匹配覆盖率，企业用智能技术提供客户的各类服务满足客户需求匹配的百分比。这些指标主要反映响应客户参与定制化设计的速度和准确性。

2．模块化设计方法

服装智能制造企业在产品设计数字化方面，具备三维计算机辅助设计、计算机辅助工艺规划 CAPP、设计和工艺路线仿真、可靠性评价等先进技术的情况，实现产品数字化三维设计与工艺仿真的程度，并结合产品数据管理系统（PDM）与产品全生命周期管理系统（PLM），考察产品信息贯穿于设计、制造、质量、物流等各环节的情况的评定。

3．网络协同智能制造平台

主要根据生产设备的数字化、柔性化和智能化程度，数据软件平台的可支持性，考察网络协同智能制造平台实现产业链不同环节企业间资源、信息共享，对接，设计、供应、制造和服务环节实现并行组织和协同优化的情况。重点观测基于网络的开放式个性化智能制造平台与用户的交互深度,及对订单信息、生产排单、订单跟踪、订单物料需求计算、装箱单等功能的执行状况。

4. 个性化产品数据库

主要从智能 CAD 系统参数模块对个性化订单的响应速度,对用户的个性化需求数据挖掘和分析的深度,通过建立个性化产品数据库生成产品个性化方案的反应速度进行评价。在生产制造过程中利用现场数据采集与分析系统快速建模,以此完备数据库,达到人工智能指引下的人机协作与企业间协作共同研发设计与生产的能力,实现从样衣初样开始跟踪开发过程、成本预算、服装档案汇总、样衣管理、面辅料开发管理;实现打样过程的数据闭环控制;实现数据实时收集、智能排程、智能调度,从而大幅度降低人员管理难度、提高生产效率、降低差错率。

5. 敏捷柔性智能制造

主要依据服装生产过程中,企业的设计、生产、供应链管理、服务体系与个性化需求相匹配的敏捷性。此外,还包括现场数据采集与分析系统普及率,即能够充分采集制造进度、现场操作、质量检验、设备状态等生产现场信息化比例。核心智能制造装备覆盖率能够确切说明智能制造装备联网互联占总机器设备的百分比,以此实现 MTM 智能制造系统、MES 制造执行系统与 ERP 系统软件集成、优化柔性供应链管理、WMS 等智能化设备与软件的智能仓储系统整合。

6. 智能制造企业效益

根据智能制造评价体系对企业年产值增长率进行考核,通过智能制造项目投资回报率长期验证其正确发展战略。具体参照指标包括生产效率提高 20％以上、运营成本降低 20％以上、产品研制周期缩短 30％以上、产品不良品率降低 20％以上、能源利用率提高 10％以上,这些指标的完成度企业根据实际情况进行自评,以此评估智能制造产生的经济、社会效益是否能够为中小企业赋能及为设计师创客孵化基地等智能制造提供解决方案。

通过对服装个性化智能制造评价体系的提炼,判定智能制造企业的客户服务的智能化、产品模块化设计的组合性、网络协同智能制造平台的交互性、个性化产品数据库的完备性、敏捷柔性智能制造的敏捷性。

(三)服装个性化智能制造指标体系构建方法

1. 应用德尔菲法

在对服装智能制造指标体系提炼后,运用德尔菲法对服装个性化智能制造指标进行精准提炼。德尔菲法方法也称为专家调查法,是通过全方位的挖掘和依靠专家潜在信息资源进行探究的重要方式。该方法根据系统的具体程序,利用匿名表达观点的模式,也就是专家内部不会进行探讨,不存在横向关系,专家只和调查人员进行沟通,通过了解专家对问卷内容的观点及看法,经过多次询问、整合、修订,最终整理出所有专家的基本共识,将其作为预估结果。此方法体现出的特征让其成为效果较为显著的判断预测法,体现出一定的典型性。

环节一:选取 25 位学者、行业知名专家以及在服装企业多年从业的人员作为"服装个性化智能制造评价指标筛选专家调查问卷"的问卷填写者,邀请这些人员基于个人所学知识以及经验,判定选择的指标是否能科学评估服装个性化智能制造。假如有欠缺的指标,邀请专家进行补充。问卷把上述指标所产生的现实影响程度划分成五个级别。假如某个指标有超过一半的人认为一般、不重要以及非常不重要,此指标会被删除。在了解专家观点以及看法之后,需要向所有专家诠释所有指标的详细概念以及度量方式,防止专家因为不了解或者认知不正确而导致问题的出现,且保证专家独自确定分数,不受其他因素的影响。25 份专家调查问卷在全部收回之后,利用对调查问卷的整体研究以及数据整合,制定更加完善的服装个性化智能制造评价指标系统。

环节二:将确定的"服装个性化智能制造指标专家调查问卷"再次下发给上述25 位专家,且把所有专家的修改观点匿名附在调查表之后。利用最后的筛选及补充,明确所有评估指标。

2. 筛选研究指标

依据表 4-7 可以得出,在所有评价指标体系中"企业物联网覆盖率"和"信息技术设备装备率"并未得到超过一半专家的支持。因此在第二轮调查活动中,直接将这两项指标剔除。专家给予的解释为:这两者指标是构建推动服装个性化智能制造评价体系的基础,所以评价指标的设定要更切合得出服装智能制造的核心关键点。"企业物联网覆盖率"和"信息技术设备装备率"作为一项指标在体系中出现,不符合具体设计过程中的全面系统性理念。在进行问卷调查中,专家都普遍提出需要在智能制造企业效益中新增"智能制造项目投资回报率",通过"智能制造项目投资回报率"可以从长期角度验证服装智能制造企业的利润关键点,以此将"企业年产值增长率"增加至"智能制造企业效益"这一核心影响因素中。

表 4-7 指标初选结果

核心影响因素	调查指标	非常不重要	不重要	一般	重要	非常重要	通过率
客户智能服务水平	个性化智能推荐匹配覆盖率	0	0	3	20	2	>50%
	CRM 客户服务管理系统	0	0	0	18	7	>50%
模块化设计方法	三维模型的产品设计与仿真	0	0	5	18	2	>50%
	产品数据管理系统(PDM)	0	0	0	20	5	>50%
	产品全生命周期管理(PLM)	0	1	2	17	6	>50%
网络协同智能制造平台	订单智能管理系统	0	0	6	16	3	>50%
	信息资源数据共享覆盖	1	3	8	12	1	>50%
	云端大数据软件平台支撑	0	0	0	13	12	>50%
	企业物联网覆盖率	2	8	12	3	0	<50%
个性化产品数据库	现场数据采集与分析系统普及率	0	0	1	16	8	>50%
	智能 CAD 系统参数模块	0	1	0	14	10	>50%
敏捷柔性智能制造	MTM 智能制造系统	0	0	0	15	10	>50%
	MES 制造执行系统与 ERP 系统软件集成	0	0	2	16	7	>50%
	核心智能制造装备、自动化生产普及率	0	2	5	17	1	>50%
	柔性供应链管理、智能仓储系统	0	0	3	19	3	>50%
智能制造企业效益	信息技术设备装备率	0	0	13	12	0	<50%
	企业年产值增长率	0	0	6	15	4	>50%
	中小企业赋能及设计师创客孵化基地等智能制造解决方案	0	0	8	14	3	>50%

注:通过率表示觉得指标"重要"或"非常重要"的专家人数所占比重。

3. 服装个性化智能制造指标体系的构建

根据专家提出的修改观点,作者对服装个性化智能制造评价指标进行了进一步的筛选和填补,重新制定了服装个性化智能制造评价指标调查问卷,将该问卷发送给上述 25 位专家,建立服装个性化智能制造评价指标体系,总共包含 6 个一级指标及 17 个二级指标,详细内容如表 4-8 所示。

表 4-8　指标终选结果

核心影响因素	调查指标	非常不重要	不重要	一般	重要	非常重要	通过率
客户智能服务水平	个性化智能推荐匹配覆盖率	0	0	3	20	2	>50%
	CRM 客户服务管理系统	0	0	18	7	0	>50%
模块化设计方法	三维模型的产品设计与仿真	0	0	5	18	2	>50%
	产品数据管理系统(PDM)	0	0	0	20	5	>50%
	产品全生命周期管理(PLM)	0	1	2	17	6	>50%
网络协同智能制造平台	订单智能管理系统	0	0	6	16	3	>50%
	信息资源数据共享覆盖	1	3	8	12	1	>50%
	云端大数据软件平台支撑	0	0	0	13	12	>50%
个性化产品数据库	现场数据采集与分析系统普及率	0	0	1	16	8	>50%
	智能 CAD 系统参数模块	0	1	0	14	10	>50%
敏捷柔性智能制造库	MTM 智能制造系统	0	0	0	15	10	>50%
	MES 制造执行系统与 ERP 系统软件集成	0	0	2	16	7	>50%
	核心智能制造装备、自动化生产普及率	0	2	5	17	1	>50%
	柔性供应链管理、智能仓储系统	0	0	3	19	3	>50%
智能制造企业效益	企业年产值增长率	0	0	6	15	4	>50%
	智能制造项目投资回报率	0	0	10	13	2	>50%
	中小企业赋能及设计师创客孵化基地等智能制造解决方案	0	0	8	14	3	>50%

注:通过率是指认为指标"重要"或"非常重要"的专家人数占专家总人数的百分比。

从表 4-8 可以看出,即便上述 17 个指标并未获得所有专家的支持,但是全部指标的通过率都高于 50%,因此上述指标都可以用来验证基于大规模个性化定制的服装智能制造评价维度。服装个性化智能制造的递阶层次结构如图 4-4 所示。

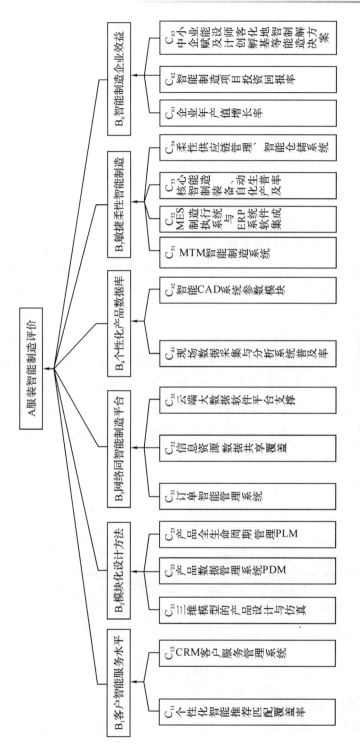

图 4-4 服装个性化智能制造的递阶层次结构

三、基于层次分析法的服装个性化智能制造评价体系构建

（一）基于层次分析法的服装个性化智能制造评价体系

1. 层次分析法的基本原理

层次分析法的基本思路是先划分后汇总的系统理念，最先需要开展层次化处理，参考问题的属性以及需要完成的总目标，并把问题划分成各种构成要素，根据要素之间的彼此联系，确保不同层次的聚集搭配，创建彼此联系的层级递阶系统，上述结构可以直接体现出有关因素间的紧密联系，最终归结为最底层（指标）对于最高层（总目标）的相对重要度的权值或优劣顺序的问题。

2. 层次分析法的具体计算步骤

运用层次分析法创建模型，基本上可以划分成四个环节：递阶层次构造、创建矩阵成对比较、开展一致性检验和进行总排序优选。

（1）递阶层次构造

层次分析法首先把要决策的问题层次化，确定要处理的实际问题且深入分析，然后把相关的各个因素按照元素的属性以及各元素对实际要解决的问题的重要程度，从上到下划分成众多层次，上层次的元素对临近的下层次的所有或少数元素具有支配作用。因此，形成从上到下逐渐支配的联系。相同层的不同因素从属于上层的因素，也会对上层因素带来深刻的影响，此外也支配及受下层因素的影响。最后建立出一个元素递阶层次。如图 4-5 所示。

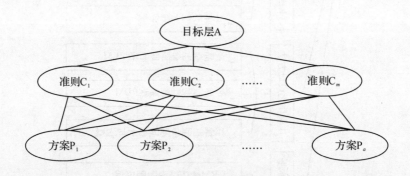

图 4-5　递阶层次结构示意图

（2）创建矩阵成对比较

成对比较的步骤就是要进行每一层次水平的各个要素之间的比较，这是一对

一的比较,被称为两两对比。比如,选择指标层的不同因子 a_i,a_j,a_{ij} 代表其和上层相比来说某一准则 C 的重要性之比,a_{ij} 主要参考现有资料、历年统计信息或者由参考专家长久以来对行业的掌握度、实践经验进行打分而得到,方案层 a 内不同指标和上层准则 C 相比的所有比较结果的判断矩阵形式为:

$$C-a = \begin{pmatrix} a_{11} & a_{12} & \cdots & a_{1n} \\ a_{21} & a_{22} & \cdots & a_{2n} \\ \cdots & \cdots & \cdots & \cdots \\ a_{n1} & a_{n2} & \cdots & a_{nn} \end{pmatrix}$$

从层次结构模型的第二层着手,对于归属于上层所有因素的相同层的众多因素,使用成对比较法以及 1—9 点比例尺度组成对比阵,一直到最下层。将决策人员的喜好判定数量化,设计成熟的矩阵,最终使用矩阵理论开展偏好研究,得出层次排序或分层权系数。1—9 点比例尺度作为 AHP 的统一比较基准,如表 4-9 所示。

表 4-9 评价尺度

标度	概念
1	两个要素具备相同重要性
3	其中某个要素和其他要素相比稍微重要
5	其中某个要素和其他要素相比明显重要
7	其中某个要素和其他要素相比强烈重要
9	其中某个要素和其他要素相比极端重要
2、4、6、8	用在以上标准间的折中值
上述数值的倒数	在甲和乙要素进行对比的时候,假如被赋予某标度值,乙和甲要素对比的时候权重是此标度的倒数

心理学相关测试指出,大部分人对各种事物在相同属性上差异的分辨水平在 1—9,采用 1—9 的标度反映了大多数人的判断能力。

假设现在对因子进行两两比较建立成对比较矩阵,进而对比 n 个因子($x=\{x_1,x_2,\cdots,x_n\}$)对某因素 Z 的影响程度,每次选取两个因子 x_i 和 x_j,数值 a_{ij} 代表上述因子比较所具有的重要性,所有对比结果在矩阵 A 体现,矩阵 A 成为判断矩阵。判断矩阵 A 有以下性质:

第一,$a_{ij}>0$;

第二，$a_{ij}=1/a_{ij}$；

第三，a_{ij} 的值越大，表示因子 x_i 相对于因子 x_j 的重要性越大；

第四，矩阵对角线为各要素自身的比较，因此数值是 1，也就是 $a_{ij}=1$。

（3）计算权向量且进行一致性检验。

对于所有成对比较短阵计算最大特征根和相应特征向量，使用一致性指标、随机一致性指标以及一致性比率进行完整的检验。假如顺利通过，特征向量就是权向量；否则，要再次做出调整。

统计所有层次的权重，根据目前创建的判断矩阵来统计所有指标的具体权重，通常使用和积法或者方根法获得上述矩阵的最大特征根 $\lambda_{\max}$ 以及对应的特征向量。书中主要使用和积法，把上述特征向量 ω 进行归一化计算，最终获得各个指标的相对权重。

设判断矩阵为 $A=(a_{ij})_{n\times n}$，计算该判断矩阵向量的和积法的具体计算步骤如下：

第一，判断矩阵 A 中元素按列归一化，即求

$$\bar{a}_{ij}=a_{ij}/\sum_{k=1}^{n}a_{kj},i,j=1,2,\cdots,n$$

第二，将归一化的矩阵的同一行的各列相加，即

$$\tilde{w}=\sum_{j=1}^{n}\bar{a}_{ij},i=1,2,\cdots,n$$

第三，将相加后的向量除以 n，即

$$w_i=\tilde{w}_i/n$$

第四，计算最大特征根，即

$$\lambda_{\max}=\frac{1}{n}\sum_{i=1}^{n}\frac{(Aw)_i}{w_i}$$

（4）进行总排序优选

在对所有层次元素进行对比的时候，即便每层使用的对比尺度大致相同，但不同层之间也许仍会出现一定的差异，上述差异会伴随层次总排序的多次运算迭代而加大，所以要从模型整体上检验上述差异尺度的累积是否体现出显著性，整个过程被叫作层次总排序的一致性检验。统计最下层对目标的组合权向量，且参考公式进行相应的检验，假如顺利通过，就可以根据上述向量代表的结果做出决定，不然要再次思考模型或再次进行构造。

判断矩阵的一致性指标是:

$$C. I. = (\lambda_{max} - n)/(n - 1)$$

根据之前的分析结论可以得出,第一次创建的比较判断矩阵无法确保全部一致,因此要开展后续的检验,允许相应范围内的不一致性,然而需要保证具备一致性。其中指标 R. I. 的具体数值查看表 4-10 得到。

表 4-10 随机一致性指标

n	3	4	5	6	7	8	9	10	11	12	13	14	15
R. I.	0.58	0.89	1.12	1.24	1.32	1.41	1.45	1.49	1.52	1.54	1.56	1.58	1.59

更改之后的一致性指标 C. R. 的计算公式为

$$C. R. = C. I. /R. I.$$

当 C. R. 不超过 0.1 时,可判定此模型在此层水平上可以实现局部满意一致性,不然就需要调节本层次的有关矩阵,一直到检验符合全部标准。

3. 指标权重的计算步骤

根据构建的服装个性化智能制造指标体系向专家下发所有问卷,基于所有指标层下的不同方案层的指标重要性开展两两对比,获得相应的矩阵。使用德尔菲法(1—9 标度)的方式,根据建设的判断矩阵开展特征向量以及根的计算,之后需要进行一致性检验,获得方案层所有指标的相对权重。具体的分析步骤如下:

(1)向所选取的专家发放问卷,继而针对每个指标进行打分。

(2)收回问卷且得到有效问卷的分数情况。假如存在专家打分结果差异较大的问题,要将分数结果真实反馈给诸位专家,且在此回到第一个环节,专家要参考第一轮打分情况再次开展全新评分,在全部专家的打分结果都没有明显分歧时开展下个步骤。

(3)根据专家的打分详情创建判断矩阵,执行相关步骤演算,要统计特征向量以及最大特征根,且全面检验全部矩阵的一致性比率 CR。

(4)假如计算的结论是 CR>0.1,此时要深入研究不同指标的专家打分结论,寻找造成不一致性出现的最终原因,进行一定的调节,且将调节之后的结果传送给参加评分的专家,并需要重新执行首轮操作。

(5)假如计算的结论是 CR<0.1,此时基于专家打分结果中某指标出现的微弱差异,根据 CR 的倒数统计出加权平均,方可获得基于一致性检验结果而整合出的最终分数详情。

(6)采用软件 yaahp v0.6.0 对建立的判断矩阵进行计算,获得所有指标的权重情况。详细研究过程参考图 4-6。

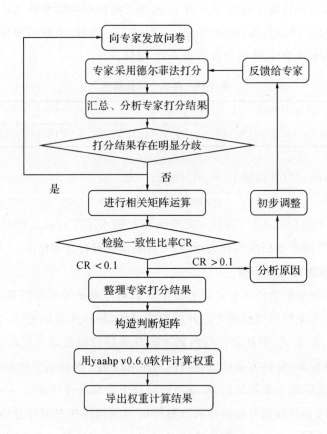

图 4-6　指标的权重分析过程

(二)服装个性化智能制造评价体系构造比较判断矩阵

问卷打分的专家分别来自高校专家教授、校外专家、企业高管、服装企业从业人员、服装协会以及相关行业科研院所从业人员,使用邮寄和实地访问的方式开展调研。此次调研总共发出调查问卷 30 份,有效回收 27 份问卷。对各位专家打分意见进行系统分析,并经过一系列计算及采用层次分析法软件 yaahp v0.6.0 获得各项指标的权重结果。此次参与本次调查设以 A 为比较准则,B 层次各因素的两两比较判断矩阵为 A-B,与之相似的所有 B_i 是对比准则,C 层次各因素的两两比较判断矩阵 B_i-C,经过六个一级指标($B_1 \sim B_6$)的处理后得到判断矩阵,如表 4-11所示。

表 4-11　判断矩阵构造

A-B	B_1	B_2	B_3	B_4	B_5	B_6
B_1	1	1	1/2	1/2	1/2	2
B_2	1	1	1/3	1	1/2	2
B_3	2	3	1	5	1/2	3
B_4	2	1	1/5	1	1/3	2
B_5	2	2	2	3	1	3
B_6	1/2	1/2	1/3	1/2	1/3	1
B_1-C_1	C_1	C_2				
C_1	1	1/3				
C_2	3	1				
B_2-C_2	C_{21}	C_{22}	C_{23}			
C_{21}	1	1/4	1/4			
C_{22}	4	1	1			
C_{23}	4	1	1			
B_3-C_3	C_{31}	C_{32}	C_{33}			
C_{31}	1	2	1/2			
C_{32}	1/2	1	1/4			
C_{33}	2	4	1			
B_4-C_4	C_{41}	C_{42}				
C_{41}	1	1				
C_{42}	1	1				
B_5-C_5	C_{51}	C_{52}	C_{53}	C_{54}		
C_{51}	1	3	5	4		
C_{52}	1/3	1	5	4		
C_{53}	1/5	1/5	1	1/2		
C_{54}	1/4	1/4	2	1		
B_6-C_6	C_{61}	C_{62}	C_{63}			
C_{61}	1	2	3			
C_{62}	1/2	1	2			
C_{63}	1/3	1/2	1			

(三)服装个性化智能制造评价体系数据分析及判断

根据服装个性化智能制造企业评价的递阶层次结构,在评价过程中,采用专家评价确定法确定各指标层的因素对目标层的影响权重和相关因素。最终用层次分析法软件 yaahp v0.6.0 得出评价目标的合成权重,如表 4-12 所示。

表 4-12　基于个性化需求的服装智能制造评价指标相对于总目标的权重

准则层	B_1 0.1178	B_2 0.1190	B_3 0.2767	B_4 0.1248	B_5 0.2913	B_6 0.0703	一致性检验比例 0.0548	对总目标的权重
C_{11}	0.3333							0.0393
C_{12}	0.6667						0	0.0785
C_{21}		0.1111						0.0132
C_{22}		0.4444					0	0.0529
C_{23}		0.4445						0.0529
C_{31}			0.2857					0.0791
C_{32}			0.1429				0	0.0395
C_{33}			0.5714					0.1581
C_{41}				0.5000				0.0624
C_{42}				0.5000			0	0.0624
C_{51}					0.5101			0.1486
C_{52}					0.3043			0.0887
C_{53}					0.0717		0.0088	0.0209
C_{54}					0.1139			0.0332
C_{61}						0.5390		0.0379
C_{62}						0.2973	0.0079	0.0209
C_{63}						0.1638		0.0115

因此各指标的组合权重矩阵为 $w = (0.0393, 0.0875, 0.0132, 0.0529, 0.0529, 0.0791, 0.0395, 0.1581, 0.0624, 0.0624, 0.1486, 0.0887, 0.0209, 0.0332, 0.0379, 0.0209, 0.0115)^T$,并且所有判断矩阵的一致性指标(C. R.)均小于 0.1,达到了满意一致性指标,比较判断矩阵的一致性可以接受。

综上,对某服装智能制造企业各个指标的评价结果为 $X = (x_1, x_2, x_3, \cdots, x_{14})$,则

$Y = (0.0393 + 0.0875 + 0.0132 + 0.0529 + 0.0529 + 0.0791 + 0.0395 + 0.1581$

$+0.0624+0.0624+0.1486+0.0887+0.0209+0.0332+0.0379+0.0209$
$+0.0115)$

即 Y 是该企业基于个性化需求的服装智能制造的评价分数。

（四）服装个性化智能制造评价体系

通过评价构建原则、指标确定方法及层次分析法等多种方式,确定各准则层因素对目标层的影响权重以及最终指标权重。本章使用德尔菲筛选法和层次分析法以定性、定量相结合的方式,构建了基于大规模个性化定制的服装智能制造指标体系。其分为客户智能服务水平、模块化设计方法、网络协同智能制造平台、个性化产品数据库、敏捷柔性智能制造、智能制造企业效益 6 个二级指标及相关的 17 个三级指标,通过不同因素两两比较,建立判断矩阵且统计各项具体权重,最后开展一致性检验。以此通过智能制造适配服装个性化需求,对个性化定制服装各环节建立标准化智能制造评价体系,为服装智能制造企业开展自评估标准诊断方法提供理论依据,进一步引导企业的发展方向,提高企业的智能制造水平。由于服装智能制造还处于起步阶段,书中也只是对其进行初步的探索,后续将会对服装个性化智能制造评价指标体系加以不断完善。

（五）结论与启示

消费升级背景下,经济发展进入新常态,模仿型、排浪式消费阶段基本结束,个性化、多元化消费渐成主流趋势,需求呈现高度"碎片化"和"离散性"。服装因具有周期性、流行性和短暂性等特征,更加剧了服装市场的供需矛盾,传统服装生产模式已无法满足定制化、个性化和多层次的消费需求。现阶段的供需矛盾促使服装企业向个性化智能定制模式转型升级。因此,本书针对大规模个性化定制服装智能制造适配及其评价体系展开研究。主要研究成果如下:

(1)通过对"个性化需求""服装智能制造""服装个性化智能制造评价体系"文献脉络梳理,发现个性化智能制造模式研究相当成熟,但对服装个性化智能制造评价标准化的研究相对较少。以此在对"服装个性化智能制造评价体系"的梳理上,以浙江经信委战略文件中的"大规模个性化定制智能制造"和众多学者所构建的服装智能制造评价指标体系整合为基础,结合智能制造企业实地调研、专家访谈、评价体系设计原则以及指标选取方法对服装个性化智能制造指标体系提炼。

(2)应用德尔菲法,让 30 位专家填写问卷多次评比筛选指标,在有效回收 27 份调查问卷中,筛去尚未得到一半专家支持的"企业物联网覆盖率"和"信息技术设备装备率"指标后,最终确立服装个性化智能制造评价指标。还构建了以客户智能服务、模块化设计方法、网络协同智能制造平台、个性化产品数据库、敏捷柔性智能制造、智能制造企业效益 6 个二级指标及相关的 17 个三级指标，从而全面系统地评价服装个性化智能制造各环节。

(3)运用层次分析法结合 yaahp v0.6.0 统计软件进行判断矩阵验证，根据服装个性化智能制造企业评价的递阶层次结构，确定各指标层的因素对目标层的影响权重和相关因素。最终得出评价目标的合成权重，所有判断矩阵的一致性指标(C. R.)均小于 0.1，因此，确立指标体系，得出基于个性化需求的服装智能制造的评价公式：

$$X = (x_1, x_2, x_3, \cdots, x_{14})$$

$$\begin{aligned} Y = (&0.0393 + 0.0875 + 0.0132 + 0.0529 + 0.0529 + 0.0791 + 0.0395 \\ &+ 0.1581 + 0.0624 + 0.0624 + 0.1486 + 0.0887 + 0.0209 + 0.0332 \\ &+ 0.0379 + 0.0209 + 0.0115) \end{aligned}$$

第五章　不同情境下服装个性化定制体验价值

第一节　服装个性化定制体验价值差异化的原因

随着消费需求的升级,个性化、差异化、多元化逐渐成为消费需求的主流趋势。在新时代,消费者穿着品位的不断提高和对服装差异化的不断追求,使个性化定制成为一种新的消费观与生活观。传统单一、同质的服装制造业的发展遭遇瓶颈,产业链的供给侧和需求侧之间的关系也亟待重构。但是,由于"工匠精神"的复苏和信息技术革命的爆发,为我国传统服装产业注入了新鲜活力,打开了传统服装制造业个性化定制的新局面。因此,不论是传统服装制造业还是新兴互联网服装产业,只有把握消费需求,不断改善消费体验,才能在消费个性化的新趋势下站稳脚跟。

一、消费层面

2016 年,国务院在实体零售转型建议中提到,"适应消费需求新变化,增强商品、服务、业态等供给结构对需求变化的适应性和灵活性,丰富体验业态,由传统销售场所向社交体验、家庭消费、时尚消费、文化消费中心转变"。互联网信息技术、云计算技术及网络平台的发展,营销渠道的多样化及运营模式的增加,使消费者购物渠道更加多元化,更加注重消费口碑、消费满意度及消费体验。个性化升级的新消费时代,消费者越来越多地参与上游的原创设计和需求定制,小众消费越来越受到重视。新消费需求逻辑是以满足消费者核心需求为目的,重构传统产业人、货、厂的体系结构,以消费需求逆向驱动产品的设计与生产。消费者从过去节俭、炫耀性或者盲从消费转变为追求个性化、绿色健康、便捷高效、注重体验的消费,如图 5-1 所示。

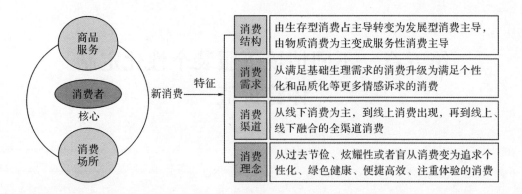

图 5-1　新消费特征

二、产业层面

随着"互联网＋"在各行业的跨界链接,长尾效应凸显,原本传统高级定制的制约因素受到了泛化,"互联网＋"定制开始趁势而起。互联网定制是介于传统高级定制与成衣之间,基于网络平台,通过在线虚拟设计、预约量体、线上下单、线下体验等新兴网络服务方式,突破了传统定制服装无法大批量定制的痛点。在生产中采用流水线工业化生产,单量单裁逻辑,为顾客提供个性化、差异化定制产品,但随着"工匠精神"的复兴,使得传统高级定制产业又受到消费者及企业的重视,传承手工工艺与传统文化,因此,服装定制产业出现不同情境下多种定制品牌共存的局面(见图 5-2)。传统高级定制与网络服装定制都是以消费者需求为出发点,以满足消费者个性化、多样化需求为目的,因而不同情境下服装个性化定制的体验价值差

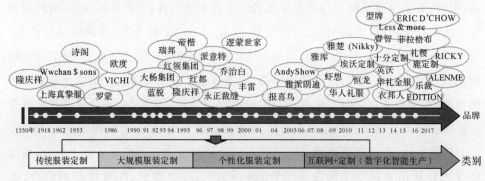

图 5-2　服装定制产业发展现状

异研究迫在眉睫。通过了解不同情境下影响体验价值的因素,可以为传统服装产业正在转型或已经转型定制的企业提供指导性参考。

第二节　服装个性化定制与消费者体验价值

一、服装个性化定制研究综述

(一)国内外个性化定制的产生与发展

个性化定制在国外起源较早,始于 18 世纪法国,这种模式在当时被称为高级定制,在法语中用"Haute Couture"表示,Haute 表示高级、顶级,Couture 表示刺绣、缝制等手工技艺。随着时代的变迁,社会结构的发展及消费需求升级,个性化定制经历了兴盛与衰败,又重新受到消费者的关注。为了满足多数人的需求,高级定制的门槛逐渐降低,消费者欲通过个性化定制来表达自我意愿的需求不断增强。借此,个性化定制受到了品牌与消费者热捧。"互联网+"时代到来,云计算、大数据的发展更是推动了新兴的网络个性化服装定制平台的不断涌现。

个性化服装定制在国内起源也较早,古代达官贵人及富人商家的服饰都是由量体裁衣制作而成。国内近现代服装定制可追溯至"红帮裁缝",从上海"和昌号"西服定制店开始,向全国各地发展。结合西方先进工艺和中国传统工艺的"红帮裁缝"为现代服装定制产业奠定的基础。经历 20 世纪末定制产业的低谷期后,伴随信息技术发展和消费升级,互联网个性化定制的先起使服装定制产业焕发生机。

(二)个性化定制概念

盛利(2007)认为,个性化定制是围绕顾客需求开展的,由消费者驱动满足顾客对产品功能、结构、性质、外形等各方面要求。针对顾客需求,为顾客设计更符合个人的个性化产品。姜兴宇等(2008)认为,个性化定制是在网络平台下,以"顾客满意"为中心,将现代化技术结合相似性原理、重用性原理、整体性原理。吴佳欢(2015)指出,个性化定制即产品设计满足客户的个性化需求,并根据其个性化需求提供定制业务,使客户可以通过相应的定制化系统,满足客户对产品个性化的需求。李佳、吴海燕(2016)认为,个性化定制是基于大规模定制基础上,根据顾客个人需求及体型特征为顾客定制符合个人特征的产品,是满足顾客个性化需求的营销方式。黄绿蓝(2017)认为,个性化定制是顾客将个人诉求及偏好加入服装设计中,生产出符合个人诉求的产品。

目前传统的互联网商业模式大多提供特定的产品和服务,产品的外观和功能则是由企业设定。传统大批量生产的服装多根据流行趋势设计,符合大众消费者的习惯和需求,在这种生产和消费模式下"大众化"是其产品的弊端,消费者属于被动消费。个性化定制模式的产生给当前的网络消费带来新的生机,极大地满足了消费者的个性化需求。

(三)服装个性化定制现代化技术

1. 个性定制量体技术

人体测量技术经历了由手工量体向自动化量体;从接触式量体向非接触式量体;从二维量体到三维量体的发展过程。随着电子商务的广泛影响,传统工业化、批量化的成衣已不能满足当下消费者复杂多变的消费需求,为了灵活应对产业结构及消费需求变化,提高产业快速响应市场的能力,个性化网络定制服务成为现实。新兴的网络服装定制的运作模式,打破了传统定制对空间、地域的限制,满足了消费者追求的合体性与个性化。随着网络化、数字化、智能化的发展,为了全方位地满足顾客个性化需求,实现精准营销,企业需要既满足个性化定制又能快速生产制造。近年来诞生出许多新型的服装定制模式,同时也产生了许多与之相适应的量体方式。如着装顾问上门量体、拍照量体、测量衣物、三维扫描或基于图像的非接触式量体等技术,如表 5-1 所示。

三维人体源数据提取方式主要有传统手工接触式量体、基于图像的尺寸提取技术、基于光学扫描提取系统。传统的手动测量技术由于个人经验的不同,测量部位的和测量方法都有很大差异,且操作复杂,接触式人体尺寸测量时间更长。目前,先进国家的 3D 扫描技术逐渐成熟并被广泛应用,已有的三维人体扫描产品,如表 5-2 所示。

2. 个性定制版型生成技术

张恒、张欣(2005)基于一般模式提出一种通过记录其绘图技术来自动生成服装图案的方法。夏明、张斌(2006)通过测量不同地区男性样本数据,建立适合MTM 的号型规格库实现特体识别,通过设定放缩规则,实现标准样板适合个体样板的快速生成。朱江晖、阎玉秀(2007)提出服装纸样模块化设计的设想,建立对象的相似结构及功能间的相互约束关系,在 CAD 中采用知识工程和专家系统技术,根据款式要求在智能库系统中自动匹配合适版型。陆鑫、李翠(2008)以特殊体型人群为对象,建立版型制作的方法及规则数据库,实现服装版型的智能设计及应

表 5-1　服装定制人体测量方式分类

量体技术	分类	测量方式	代表品牌
接触式人体测量方式	高级定制工作室	设计师手工量体	郭培、玫瑰坊、劳伦斯·许、兰玉、殷亦晴
	高级品牌定制品牌	师傅手工量体＋沟通交流	隆庆祥、红都、NIKKY、恒龙、诗阁、HerlMax、杰尼亚
	平台定制	顾客自行量体	VOA 定制
		上门量体	恒龙、一品男、乔治白、吾衫、报喜鸟、
		着装顾问上门量体	衣邦人、凡匠
		门店量体	恒龙、亨利普尔、埃沃裁缝、Huntsman、H. Huntsman&Sons、乐裁
		远程指导顾客量体	魔法定制
	手机 APP 定制	电话预约量体	VOA 定制、亨利·赫伯特、红领、优搜酷
		移动大巴定位量体	魔幻工厂
非接触式人体测量方式	平台定制	拍照量体	优黎雅定制
		三维人体扫描量体	Acustom Apparel、恒龙云定制、蔓楼兰、段式服饰、云衣

表 5-2　各种三维人体扫描仪产品及参数

国家	三维人体扫描仪	光源	扫描时间/s	分辨率（水平×垂直×深度）/mm	精确度/mm	特征
美国	Artec Eva	白光	180～300	——	0.1	手持式
美国	Cyberware	线扫描	20	——	——	立式
深圳	易尚 3D+	白光变频条纹扫描	3	——	0.1	立式
北京	天远	白光		——	0.5	立式
长沙	VNUSK	近红外光扫描	2	——	0.2	立式
北京	博维恒信	蓝色 LED 冷光源	2	——	≤0.03	立式
美国	Cyberware WB4	激光	17	0.5×5×2	5	立式
德国	Vitronics Vituspro	激光	8～20	2×2×2	1～2	——
美国	TC²	白光	8	1×2×2	5～60	——
法国	Telmat Symcad	白光	7.2	0.8×1.4×1.4	±2	立式
香港	Cubicam	白光	<1	——	4	立式
日本	Hokuriku Conusette	红外线	16	——	±0.5%	立式
日本	Hamamatsu Bodyline	红外线	10	1×7.5×5	±0.5%	——
英国	Wicks&wilso	白光	12	——	±2	——

用。任天亮(2009)研发了服装号型归档系统,为 MTM 的信息化发展打下基础。伊丽平玉(2011)采用 TC² 三维人体扫描技术获取人体图像,根据服装款式自动匹配适合人体尺寸的数据,并传输至 CAD 纸样设计系统中,通过模块化设计自动生成个性化版型。卢丹、郝矿荣等(2014)提取人体尺寸数据,利用服装号型推荐算法,匹配合适的服装号型,通过 Visual C♯ 编程实现在 Auto CAD 上个性化服装纸样的快速生成。黄才森、邓椿山、周莉(2017)从服装定制角度总结了服装个性化定制技术的不同方法,优化人体尺寸数据应用模式,将最优先效率的人体尺寸数据转置形式应用于样板生产过程中。

3. 服装个性定制"虚拟试衣"技术

关于"虚拟试衣"技术,从 2000 年开始出现相关研究。至今,虚拟试衣越来越受到关注,发展形势包括虚拟试衣系统、虚拟试衣镜等。受网络技术及顾客需求因素影响,早期的虚拟试衣系统多数采用图像处理的方法,并以二维方式呈现。受到拍照技术及系统的差异影响,所获取的二维图像有限,又很难给顾客直观的效果体验,但随着互联网数字化、智能化、自动化技术的发展与消费需求升级的影响,国内外针对服装虚拟试衣系统的研究成果已逐渐成熟。

德国弗劳恩霍夫学会的专家与其研究小组开发出一套虚拟试衣软件,通过三维激光扫描人体,根据款式目录选择喜欢的款式进行"试穿"并查看服装的合体性。目前,国内的试衣网站大量涌现,杭州森马运用最新的 3D 技术、增强现实、体感技术研发了"三维虚拟试衣系统",实现自动扫描虚拟试衣。当前,虚拟技术逐渐向智能化、数字化方向发展,力求极大满足消费者个性化需求及体验。

4. 个性化"MTM 定制系统"研究

为了充分满足消费市场及消费需求,服装企业借助网络信息平台、智能化生产、大数据技术建立线上定制平台,将传统服装设计、生产、销售贯穿起来,建立个性化、数字化的定制系统,一方面为顾客提供量身定制服务,另一方面采用批量生产方式进行大规模定制。服装大规模定制(MTM),采用 CAD/CAM 系统、非接触式测量、远程测试系统、ERP 等信息管理系统实现 MTM 生产。当前,MTM 系统相关研发取得了实质性进展,如美国 GERBER、德国 ASSYST MTM 系统、法国力克量身定做系统等。

在量身定制的应用方面,国外企业已逐渐采用 MTM 系统,如美国的李维斯等。对于国内服装企业而言,MTM 系统还是一个全新的概念,目前只有少数规模较大的企业使用,如雅戈尔、红领等。MTM 数字化定制系统是将智能下单、三维人体扫描、智能化排产有效结合,实现服装设计、生产一体,以数据驱动智能化生产。定制系统采用模块化设计,将系统分为客户端系统和后台管理系统,优化生产结构,合理安排资源,实现供应链的快速反应,极大地降低了生产成本,如图5-3所示。

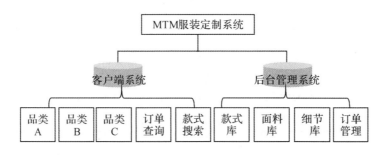

图 5-3　服装个性化定制系统模块

个性化定制已成为服装企业热门的模式,这种模式的产生受到国外现有成功案例的影响,且呈现出蓬勃发展的态势。目前为止,还没有开发出具有代表性的品牌且依然停留在探索阶段。

二、传统高级定制及网络服装定制

(一)服装定制的分类

Kamali&Loker(2002)指出,消费者通过与设计师沟通交流,选择款式、面料、工艺,获取人体尺寸测量数据,制订生产计划,整烫、装配、后期调整修改来体验服装定制。从不同视角下可以将定制化分为不同类型:兰林春等(2004)按照服装定制生产中的客户订单分离点,基于不同消费诉求及产业规模将服装定制化分为按需设计、按需生产、按需销售、按需装配四种。许才国(2009)等提出了高级定制服装的理想模型,从成本模型、商业模式、服务模式和业务模式进行研究。刘丽娴(2013)认为,顾客化定制是顾客订单驱动而非预测驱动的,是生产方式的转变,应基于服装企业的生产规模、产品细分、顾客参与度对定制进行分类。刘丽娴(2014)认为,服装定制即基于顾客个人偏好、体型特征等,按照面料、款式、工艺、设计、价格、渠道等需求制作专属于顾客的服装。根据定制类型、定制数量、定制方式、出席场合、顾客参与度等的差异,对定制重新划分,如表5-3所示。

表 5-3　服装定制的分类

划分标准	分类
定制程度	全定制、半定制、成衣定制、大规模定制
定制规模	个体定制、团体定制
生产方式	单量、单裁定制、大规模定制
着装场合	礼服定制、职业装定制、家居服定制
参与定制环节	按需销售，按需装配，按需制造，按需设计
产品价值	大众产品属性的一般定制，奢侈品属性的高级定制
顾客参与程度	高参与，中等参与，较少参与，不参与

　　综上所述，定制服装有多种类别，而定制服装的类别大多基于单一维度，没有基于品牌运营模式维度分类的。根据定制化程度、定制规模、定制方式、定制程度及顾客参与度的差异，定制服装可分为几种不同类型，如表 5-4 所示。

表 5-4　中国服装定制市场划分标准

划分标准	分类
定制程度	全定制，工业化全/半定制，成衣半定制，规模化定制
品牌模式	传统高级定制品牌，欧美代加工企业转型定制，互联网＋定制品牌，成衣品牌业务延伸定制，设计师主导的高级定制
商业模式	B2B，B2C，C2B，C2M，M2C，M2M，O2O
定制规模与成产方式	个性化定制，团体定制
着装场合	礼服定制，职业装定制，日常服定制
顾客参与程度	参与度高，中等参与，较少参与，无参与

　　根据定制程度将定制服装分为，成衣定制、全定制、半定制、规模化定制。而全定制中根据工艺和机械技术的运用程度不同，又可分为手工全定制和工业化全定制，如表 5-5 所示。

　　朱伟明、彭卉(2016)按照品牌维度，如盈利模式、服务模式、营销模式、商业模式等，立足于品牌在产业链中的分工，经营范围分为独立经营、代理、代销、分销、联合模式。通过分析研究全球服装定制格局，将定制品牌分为传统高级定制、互联网定制、代加工企业转型定制、成衣企业延伸定制、设计师主导的高级定制、大规模定制及产业集成平台七大类，如表 5-6 所示。

表 5-5　按定制程度划分

分类	特征		优势	劣势	品牌
全定制	完全按照客户要求或者客户自主设计,为客户测量尺寸,匹配专属版型,匹配专属工艺,进行单量单裁制作	手工全定制	真正的量体定制,可以满足客户的个性化需求,通过半成品试衣确保相对合体	没有标准的流程、体系,不能形成规模生产,靠裁缝师傅的经验量体、裁剪,生产周期长,生产成本高、售价非常高	W. W. CHAN&SONS、诗阁、香港飞伟洋服、华人礼服、eleganza Uomo、真挚服、红都、永正、罗马世家、隆庆祥
		工业化全定制	满足个性化需求,按照顾客需求展开设计、制造,实现数字化、智能化、自动化。真正的全定制,成本可控、质量有保证、交货期短	必须具备非常高的信息化水平,且必须实现信息化和工业化深度融合,必须具备个性化流程和相关大数据支撑	红领
半定制	标准版上简单的套码		成本可控、快速反应、生产高效	不能完全满足顾客诉求	雅派朗迪、大杨创世、雅戈尔、型牌、帝楷、埃沃、尚品、雅库、衣帮人
成衣定制	标准号型生产,满足小批量的款式		快速生产、门槛低、交货期短	款式变化少、工艺技术低	埃沃、红领、型牌、雅库、乐裁、帝楷、诺杂、衣帮人
大规模定制	标准号型生产		大规模、大批量	基本无定制体验、服装合体度低	乔治白、罗蒙、雅戈尔、派意特

通过上述文献整理,在服装网络定制的研究方面,随着技术水平的发展,消费者需求升级,个性化、多样化需求不断增强,服装网络定制在我国有很大的发展潜力。服装网络定制在量体定制的基础上,除了能够满足对服装最基本的需求外,还能满足消费者的精神需求。目前,关于网络定制产品特征、工艺特征、制作流程的研究较少,大多只集中在网络定制系统开发、平台设计、量体系能方面的研究。因此,对网络服装定制的消费体验价值研究有很大的意义。

表 5-6　按品牌模式划分

经营模式	分类		品牌
传统高级定制品牌	国内	门店式	诗阁、W. W. CHAN&SONS,香港飞伟洋服,华人礼服,恒龙
		网络化	红都,真挚服,永正,罗马世家,隆庆祥,培罗蒙
	国外		Anderson & Sheppard, Henry Poole, Kilgour's, Dege & Skinner, Ede & Ravenscroft, Gieves & Hawkes, H-Huntsman,Hardy Amies,Norton & Sons
成衣品牌业务延伸定制	国内	男装	杉杉,报喜鸟,蓝豹,希努尔,法派,罗蒙,雅戈尔
		女装	朗姿,白领,例外,兰玉
	国外		Ermenegildo Zegna, Alfred Dunhill, Canali, Armani Prive,Kaltendin
代加工企业转型定制品牌	红领,雅派朗迪,大杨创世,诺杂,丰雷·迪诺		
新兴网络定制品牌	国内		衣帮人,埃沃,型牌,尚品,雅库,乐裁,OWNONLY,酷绅
	国外		Proper Cloth,Bonobos,Indochino,J Hilburn
设计师主导的高级定制品牌	品牌		Ricky Chen,Eric D'Chow,社稷,吉芬,何艳
	工作室		玫瑰坊,陈野槐,崔游,张肇达,祁刚,马艳丽,Allen Xie
大规模定制品牌	乔治白,罗蒙,雅戈尔,罗郎·巴特,派意特,帝楷,宝鸟,南山		
集成式定制平台	7D定制,恒龙云定制,尚品定制,RICHES		

(二)传统高级定制服装的研究现状

国内外关于服装高级定制的研究较早,大多从高级定制历史、高级定制工艺、高级定制品牌等方面展开。刘甜甜(2013)提出国内消费需求结构发生了转变,中产阶级消费人数增加,消费者对产品品质及产品个性化需求递增,为服装定制提供了广阔的发展前景,使服装定制受到越来越多人数的追捧。郭建南(2013)指出,国外服装定制与国家本土文化及历史背景相关,如英国高级定制男装和法国高级女装,而国内服装高级定制是将西方服装定制与中国传统文化、传统工艺相结合,更加适合中国本土消费者。如今,高级定制已不再局限于时尚领域,更不仅仅只代表高端奢华,网络化、数字化技术的快速发展,使得服装定制门槛降低,越来越能够满足大多数消费群体的需求。

（三）网络服装定制的概念及特征

周振军等（2008）认为，网络服装定制是基于数字化制造环境的个性化定制，以互联网平台为基础，用户直接参与产品的设计、生产、制造环节，极大地满足顾客多元化需求，提升顾客体验及顾客满意度的定制模式。H Liu et al（2014）认为，网络服装定制是品牌基于互联网平台给单一顾客提供量身定制的服务及体验。祁成鑫（2015）认为，服装网络定制是指基于网络信息技术平台，客户参与服装设计活动，与服装设计师共同完成面料、款式选择，并根据客户量体数据，采用流水线生产方式为客户量身定制。《中国服装工业常用标准汇编》一书中提出，网络服装定制是通过网络信息技术搭建线上定制平台，通过提取人体尺寸数据单量单裁、虚拟试衣等为顾客提供便捷化的定制服务，如图 5-4 所示。

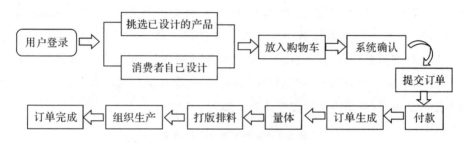

图 5-4　网络服装定制流程

秦诗雯（2013）认为，网络服装定制平台通过细分消费对象，将产品更加细分化，为顾客提供个性化、差异化的针对性定制服务。闫冬（2014）认为，网络服装定制的特征有服装产品的个性化特征，网络技术赋予商品的高品质、高技术、高价格特征，高技术含量与产品的创新性增加了产品的附加值，基于顾客数据库差异化"一对一"服务。闫冬、高长宽、胡守忠（2014）对网络服装定制的主要技术进行了分析，客户信息采集方面，包括人体体型测量技术、电子商务平台、e-MTM 量体定制软件、VSD 三维模拟试衣等；生产制造方面包括计算机集成制造技术、CAD/CAM服装设计、CAPP 计算机服装工艺设计、CAQ 计算机辅助质量管理；信息管理方面，包括外包技术、RFID/EPC 等物联网技术、CRM 客户关系管理系统、FMS 文件管理系统、MIS 管理信息系统等。网络定制的特点是，以商务平台为支撑，以消费者需求为驱动，以快速反应为要求，以复杂的价格构成为标志，以模块化设计、模块化定制为基础。

三、消费者体验价值

（一）消费者体验价值的概念

新消费时代，传统制造业被迫转型以适应新的市场，消费体验受到广大企业及学者的关注，成为研究热点。消费者及企业更加关注顾客自身价值的实现，价值的影响因素逐渐增加，如产品实用性、价格带、情感认知、差异化体验等方面的感知。通过文献翻阅及理论实证，将国内外相关学者分为三类，第一类学者认为，体验价值包含于顾客价值之中；第二类学者认为，体验价值等同于顾客价值；第三类学者认为，体验价值是具有价值共创性的顾客价值。

Pine&Gilmore（1998）将消费者体验视为商品，他认为体验是企业以服务为工具，以消费者为对象，创造值得消费者产生购买的服务或体验。Eastlick&Feinberg（1999）提出顾客体验的享乐及情感动机。Mathwick（2001）将价值产生的内部及外部因素综合，认为体验价值是顾客通过体验、满足需求互动的利益总和。YP Liang（2011）强调了产品提供给客户的价值体验的重要性，认为消费者体验不是产品本身，而是产品的服务体验。如表 5-7 所示。

表 5-7　消费者体验价值概念

学者	年份	消费者体验价值概念
Holbrook	1999	消费体验等同于顾客价值，是消费者互动的、相对的、偏好的体验
Mathwick	2002	体验价值是顾客通过互动后感知得到的优越感
Lee、Overby	2004	顾客通过消费满足产品需求及互动得到的利益总和
舒伯阳	2004	体验价值围绕顾客体验过程产生且个性化价值是其核心部分
周林森	2005	体验价值等同于顾客价值，是由品牌与消费者协同创造产生的
周以升	2005	体验价值不仅包括消费产品所带来的使用价值和感受价值，还有与顾客对服务过程外的感知（社会责任、公共形象、企业文化品牌个性）有关
张文建	2006	体验价值是顾客根据体验对产品、服务做出的整体评价
李江敏	2011	顾客在体验产品和服务全过程中所获得的整体感觉和评价，包括产品体验过程的所有感知、服务质量、功能价格、情感认知等

（二）消费体验价值的维度

Sheth、Newman、Gross（1991）在研究消费者决策因素时，提出了消费者体验价值的理论模型，并提出影响顾客选择的价值因素有功能性价值、社会性价值、情感性价值、知识性价值和条件性价值。F Turner（2001）基于内在价值和外在价值、趣味性和美学性两个二维变量,将体验价值分为四个经验机制的影响因素:消费者投资报酬、服务优势、主动价值和被动价值,如图 5-5 所示。

内在价值 (Intrinsic Value)	趣味性 (Plavfulness)	美感 (Aesthetics)
外在价值 (Extrinsic Value)	投资报酬 (Consumer Return On Investment)	服务优越性 (Service Excellence Excellence)

主动价值 (Active Value)　　　　　被动价值（Reactive Value)

图 5-5　Mathwick 体验价值模型

C Gentile,N Spiller,G Noci(2007)将顾客价值分为实用性价值、享乐性价值和象征性价值三种。国内外近年来关于体验机制维度研究情况,如表 5-8 所示。

(三)服装个性化消费体验价值

通过文献检索,目前针对服装消费体验价值的相关研究极少,关于服装顾客体验价值与其他行业相结合研究较多。任力(2015)将 O2O 模式进行分类,分析不同O2O 模式与消费体验要素间的双向互动关系,得出服装企业应根据品牌定位选择O2O 模式。李浩(2015)围绕服装个性化服务,对品牌 O2O 模式做出六个指标,即网站性能、安全性能、信誉度、响应性、体验性、移情性等维度对顾客忠诚度的影响。王麻易(2016)以消费体验价值理论为依据,以快时尚服装品牌为对象,探索快时尚品牌O2O模式的消费体验,建立快时尚服装品牌消费体验理论假设模型,认为服装功能性体验价值包含产品信息、配套服务、价格因素、效率因素和安全因素;享乐性体验价值所包含的三个影响因素即趣味性、个性化、美感;社会性体验价值所包含的两个影响因素即分享价值和社会形象。

彭卉(2016)围绕顾客感知价值提出数字化智能定制的七个指标,即体验性、功能性、社会性、经济性、个性化、智能化、品牌化对顾客满意度的影响。朱蕴秋(2017)探究时尚品牌O2O模式的消费体验,提出四个影响消费体验的因素,即产

表 5-8　体验价值构成维度

学者	年份	体验价值维度
Helbrook & Hirschman	1982	体验消费价值(符号的、享乐的、美感的);理性消费价值(解决问题、需求满足)
Sheth,Newman,Gros	1991	功能性价值;社会性价值;情绪性价值;知识性价值;条件性价值
Holbrook	1994	效率价值;卓越价值;地位机制;尊敬价值;游戏价值;美感价值;伦理价值;心灵价值
Slater,Narver	1994	价格;产品;信任;体验;经历
Lai	1995	功能性利益;社会性利益;情感性利益;知识性利益;感知性利益;快乐性利益;情境性利益;整体性利益
Naylor		体验性利益;功能性利益;象征性利益
Bernd H. Schmitt	1999	个人群体互动式体验价值理论个人体验(感官、情感、思考);互动共享体验(行动、关联)
Sweeney	2001	情绪价值;社会价值;功能价值
Michie	2005	实用性价值;享乐型价值;象征性价值
Rintmki		功能性价值;社会性价值;享乐性价值
张红明	2005	感官体验;情感体验;成就体验;精神体验;心灵体验
王锡秋	2005	经济价值;功能价值;心理价值
范秀成	2006	功能性价值;情感性价值;社会性价值
张凤超,尤树洋	2009	功能性体验;情感性体验;情境性体验;认知性体验;社会性体验
葛成唯	2010	功能价值;社会价值;情感价值;成本价值

品体验、选择体验、服务体验、售后体验。通过以上文献综述分析,笔者认为服装个性化定制的体验价值是在顾客自身的个性特征与个性化定制观念共同刺激和作用下产生的认知活动,是顾客获得产品所有过程中感知的共同作用,是消费者购买产品和服务进行整体效用的综合心理过程。书中将服装个性化定制的顾客体验价值分成功能性、享乐性、社会性、售后、服务型、个性化 6 个维度。

四、小结

在相关理论上国内外学者都有较完善的研究,但对于服装个性化定制的消费者体验价值研究很少,书中通过对服装个性化定制运作机制研究,基于消费者体验价值理论,提出影响服装个性化定制体验价值的维度,验证不同定制的消费体验价值影响因素,并针对影响因素提出营销意见。

第三节　服装个性化定制品牌的差异化

一、服装个性化定制运作机制节点性分析

服装个性化定制是通过实体店或网络平台基于消费需求驱动的个性化定制（见图 5-6）。网络平台个性化定制是用户向平台提供数据，后台自动生成数据模型，使数据流贯穿设计、制造、配送、管理等全部流程，通过企业现有信息化水平，通过工业互联网标识技术，加强 APS、MES、ERP、SCM、WMS 等企业现有各类系统的集成与互联互通，实现面向工厂内的柔性制造和智能生产。实体店传统定制是顾客通过与设计师面对面交流，提出个性化需求，设计师根据顾客要求为顾客设计单独款式，并与顾客共同选择面料、款式、工艺、部件细节等。通过手工量体为顾客单量单裁，并单独制作样板、样衣等，顾客通过样衣试穿、修改、再试衣从而完成定制。

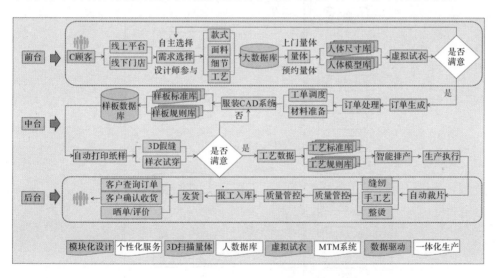

图 5-6　服装个性化定制运作机制

服装个性化定制运作机制：第一，消费者从网上或实体店选择服装款式，其选择来自于商家对产品的模块化设计或设计师参与设计。第二，消费者通过个人需求选择面料、辅料、工艺细节、是否试衣等；同时，产品效果及价格对消费者购买决策产生影响，顾客根据个人需求选择不同定制情境。第三，根据顾客有无历史定制

信息,若有直接下单,若没有则需录入信息并存档,再通过网上下单或实体店付款。第四,选择服装号型或预约量体,定制品牌直接量体并记录顾客有无凸肚、溜肩、驼背等体型特征。第五,网络定制将顾客需求转化为数字化信息传输到后台,系统自动匹配相似版型进行生产(无试衣)。传统高级定制则根据顾客版型重新制版并为顾客留版,通过样衣制作、试衣、修改后进行制作。第六,线上平台根据顾客信息将服装快递给顾客,等待顾客评价;线下店铺则选择快递或上门取货的方式,面对面或者电话回访询问顾客评价。在服装个性化定制的运作机制中,其关键节点主要有个性化需求、个性化设计、个性化量体、个性化制版、个性化服务、客户反馈(见图 5-7)。个性化定制整个流程中围绕顾客个性化需求实现,个性化服务越高越能满足顾客需求。因此,此处将提取三个个性化定制关键节点进行详细阐述,分别为个性化设计、个性化量体、个性化服务。

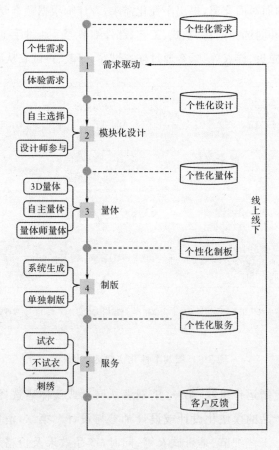

图 5-7　服装个性化定制关键节点

（一）个性化设计

模块化设计采用以少生多的方法衍生产品样式和使用功能，通过组合变款方式用少量的产品种类和适当的经济成本，尽可能地满足不同消费者的需求。设计重点是把科学抽取的产品元素作为一个独立的模块，建立功能模块系统，这有利于制造管理，且具有较大的灵活性，避免了组合时产生混淆，同时需考虑到模块将来的扩展和专业的产品辐射。如国内高级定制品牌恒龙定制，建立了 PC 端个性化定制平台"云定制"（见图 5-8）。平台采用模块化设计，顾客通过注册进入定制页面，通过选择固定款式，如西装、衬衣、裤子、马甲等，再通过模块化选择实现个人DIY 设计，如上衣领型模块、面料模块、口袋模块、纽扣模块等单一模块的组合，形成专属于个人的服装。顾客甚至可以自由选择衣服上绣字或星座符号等，下单完成后系统会自动匹配就近服务点，为顾客提供上门量体服务，增加购物趣味性和体验性。

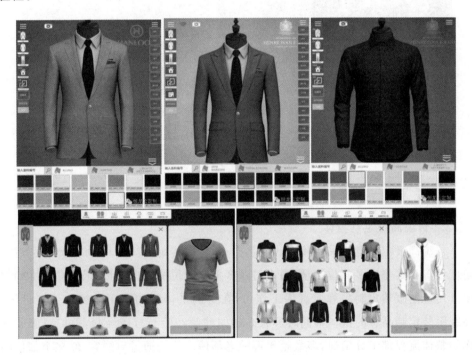

图 5-8　"云定制"模块化设计

（二）个性化量体

1. 3D 扫描量体

服装定制的关键在于满足顾客的合体性要求，其本质是人体数据的正确提取，服装定制为了更加符合顾客的习惯与偏好,必须具备环境感知及用户数据的精准采集。传统定制产业通过采集用户多部位尺寸数据,再通过手工打版生成二维样板,这种定制方式制作成本高,且对技术人员要求苛责,制作周期长。如延伸定制品牌报喜鸟等,或是转型定制品牌红领、大杨等,再如传统高级定制品牌恒龙等。为了更好地服务于定制,企业纷纷引进先进的量体系统、试衣系统,通过数字化快速反应逻辑,快速提取人体数据,建立相应的数据库,顾客可以通过网上虚拟试衣,查看服装三维效果,如图 5-9 所示。

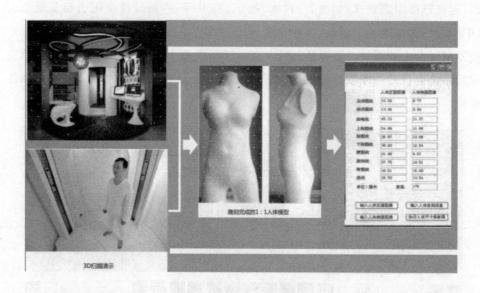

图 5-9　服装 3D 扫描量体

2. 传统高级定制量体

传统高级定制量体采用接触式测量方式,使用传统量体工具,如软尺、腰节带、角度器等工具完成多部位测量,通多对顾客多个部位的数据测量,最终获取准确数据。传统的服装定制品牌或者手工作坊,在定制量体时均采用传统的手工量体。高级服装定制品牌的量体师同时具有高超的缝制经验与打版经验,他们对服装制作的整体流程都十分精通,多数是年迈的老师傅。他们通过对顾客 20 多个部位的测量,以及与顾客交流,来了解顾客的穿着习惯、职业、出席的多数场合,甚至是顾客佩戴手表的厚度等。多数高级定制品牌在为顾客量体时,不仅仅只有一个量体师,他们还会反复与顾客沟通交流。量体是定制服装的关键步骤,如图 5-10 所示。

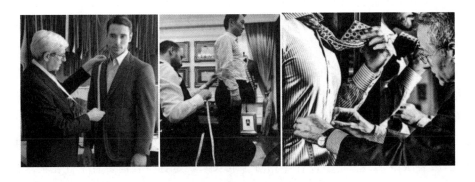

图 5-10　高级量体师为顾客量体

（三）个性化服务

虚拟试衣技术可以更好地满足服装定制中消费者对试衣的需求，让顾客更直观感受服装虚拟试衣的效果，增加购物过程中的用户体验。虚拟试衣技术解决了服装合体性问题，突破了传统网络购物无法试衣的瓶颈。定制服装品牌为了更好地服务顾客，将 3D 扫描与 3D 试衣结合，系统通过对人体尺寸数据的精准测量，建立虚拟服装版型进行 3D 虚拟试衣。虚拟试衣系统利用人体建模技术、服装放码技术、布料仿真技术和图片合成技术等先进技术实现虚拟购物体验，并为顾客提供完善的个性化服务。有些快时尚品牌为了更好地满足顾客个性化购物，专门设立了虚拟试衣网站，顾客在购物前，先通过网站虚拟试衣选择喜欢的服装进行试穿，再决定购买。虚拟试衣系统近年来不断被应用到服装定制品牌，如传统的高级定制品牌恒龙云定制，通过 3D 量体后建立顾客人体建模及虚拟试衣，提高服装定制的合体性。

二、服装个性化定制的体验差异化分析

（一）基于产品功能性差异分析

服装定制是以消费者为导向开展的，它以消费者需求为源点进行设计、制版、缝制，但由于定制成本的差异，在高成本的高级定制基础上又延伸出一种新型的定制模式——网络定制。网络定制与高级定制在服务各个环节都存在很大的差异，服装定制产品自身带给顾客的体验由于定制方式不同，体验也不同。网络服装定制品牌多数是以网络平台为基础，为顾客提供固定的多种基础款式，消费者可以选择自身需求的款式进行部件的更替。如领型、袖型、扣子等细节进行再设计，所有

的设计均由系统提供的模块化选项进行搭配,适当地解决了消费者的个性化需求。顾客选择完成后,系统根据消费者自身尺寸进行系统样板自动匹配,在原有的样板上进行细节修改,使它更符合顾客的体型。网络定制是介于成衣与高级定制间的,相对于成衣更加注重顾客的个性化需求,在服装合体性上更加追求服装的合体度。网络定制采用数字化技术,将服装产品视为数字化产品,力求服装定制过程实现数字化,但由于网络服装定制在国内起步较晚,因此对于服装数字化实现仍在探索阶段。网络定制相对于成衣生产是小批量的,但对于高级定制来说是大批量的定制。因此,服装版型、工艺、细节设计等相对于成衣来说是更符合消费者个性化需求的,成本相较于高级定制来说更低,因而价格更便宜、生产周期更短。

高级服装定制产品是完全围绕顾客展开的,针对顾客进行一对一定制,顾客可以说明自己穿着服装的场合、用途和自身需求,设计师会根据顾客需求一对一服务并单独设计,单独量体,单独制版,至少有一次的试衣,最后进行单独手工缝制。在面料、工艺上都是最优质的选择,且制作周期长,可以实现完全为顾客设计制作。例如,国外高级定制品牌 Aderson&Sheppard 是伦敦萨维尔街上唯一一家保留全定制模式的店铺,至今已有上百年历程。定制一件 Aderson&Sheppard 西装,至少需要 27 次不同部位的量体,每件服装平均达到 50 个制作工时,95% 是由手工完成,除了第一次量体外,中间要经历 3 次试穿和调整。又如国内高级定制品牌玫瑰坊,为明星专门定制的婚礼服耗时上千小时,采用手工刺绣的传统或工艺 3D 立体刺绣的高级工艺,为顾客专门定制,满足顾客需求。网络服装定制通过互联网平台提供数据,后台自动生成数据模型,使数据流贯穿设计研发、生产制造、物流配送、流程管理等全过程,通过现有信息化系统、工业互联网标识技术,加强现有各类系统的集成与互联互通,实现面向工厂的柔性生产和智能制造。互联网定制主要以网络平台为基础,通过线上定制体验,在线上自主确定款式、面料、细节、工艺等要素,系统自动将顾客定制信息传输至后台并自动生成价格完成订单,顾客可以通过系统定位或预约上门量体,也可以根据系统指导自助量体等多种体验形式,完成后系统根据顾客尺寸数据进行智能排版,采用大规模定制等生产方式制作完成,其工序相对简单且周期短。因此,在不同情境下,传统高级定制与网络服装定制为顾客提供的产品、技术、服务等体验环节有较大差异。以下是对成衣、网络定制、高级定制服装功能性差异分析,如表 5-9 所示。

表 5-9　成衣、网络定制、高级定制服装功能性差异分析

类型	成衣	网络定制	高级定制
源点	设计师、产品经理	消费者、设计师参与	消费者、设计师参与
工艺	工业化流水线生产 （标准化工艺）	工厂差异化生产 （个性化工艺）	手工缝制 （单独制作）
制版	国家标准人体版型 （S/M/L 等标准号型）	标准版型基础上修改 （修改个别部位尺寸）	一人一版 （手工单独制版）
合体性	合体性很差	较为合体	非常合体
制作工时	不准确	7~15 天	几个月或一年
生产数量	成千上万件	几十件	一件
制作团队	流水线普通缝纫工	有一定经验的缝纫师傅	经验精湛的老师傅
面向对象	大众	白领/主管/精英人士	明星/企业家/领导
服装功能	满足普通穿着需求	满足多数场合需求	特殊场合专门设计
适合场合	普通日常	特殊场合/日常	特殊场合

（二）基于定制服务性差异分析

服装作为服务行业，要完全以顾客为中心，为顾客提供优质服务。为了更好地服务顾客，服装成衣品牌应培训优秀的导购，为顾客提供线上、线下不同的渠道服务；品牌应实行会员制，为会员提供定期活动，如生日折扣及生日祝福等服务，以及一对一的售后服务等专属于顾客的服务来拉近顾客与品牌间的联系。网络定制品牌为了更好地服务顾客，应为顾客提供更全面的款式选择，提供便捷的上门量体服务、设计师协同设计服务等，建立专业的服装定制平台，为顾客提供搭配指南以满足不同场合服装款式的选择。高级定制在为顾客服务上不仅仅是追求优质，更要是追求极致，从顾客进入店铺到服装穿着后整个过程都做到跟踪服务。高级定制与成衣的差别在于，高级定制将服装生产视为一件艺术品，每一个材料、每一道工艺都追求极致，相较于传统服装，在面料的选择、款式的选择、工艺细节的选择上都完全不同，很多品牌会为顾客提供独一无二的毛坯样衣试制，更有两次以上的试衣；服装的特殊工艺需要经验很丰富的师傅完成，制作过程耗费很长的时间。以下是对成衣、网络定制、高级定制服装服务差异分析，如表 5-10 所示。

表 5-10　成衣、网络定制、高级定制服装服务性差异分析

类型	成衣	网络定制	高级定制
类型	成衣	网络定制	高级定制
导购服务	导购/客服（非专业者）	设计师/量体师/客服（比较专业者）	设计师/老裁缝（专业经验丰富）
购物渠道	网上商场/线下店铺	自主平台	线下店铺
设计	无	顾客自主设计;设计师参与设计	设计师设计
量体服务	无	自主量体;量体师量体	老裁缝;设计师量体
量体师	无	年轻（短期量体培训）	年长;技艺精湛的量体师
量体方式	无	手工/3D 扫描/拍照/自主量体	手工量体
上门服务	无	上门量体	上门量体/上门试衣
样衣	无	无	样衣制作
试衣	无	无	至少一次

（三）服装定制个性化体验差异分析

服装定制品牌为了更好地满足顾客个性化需求,给客户带来差异化体验,提供了多方位的服务。如为了满足消费者穿着舒适合体的基本需求,互联网定制品牌衣邦人为顾客提供上门量体,顾客可以通过 APP 定位系统预约量体师上门服务。埃沃为顾客提供线上预约线下量体服务,顾客通过 PC 端输入身高体重信息系统智能计算顾客尺寸,顾客也可以到线下实体店量体。红领为顾客提供移动大巴定位上门量体,为了确保量体准确性采用三维扫描系统量体。恒龙高级定制为了更好地为顾客服务,引进先进量体系统,如 3D 扫描系统、3D 虚拟试衣系统、3D 人体打印模型等个性化体验,也有经验丰富的师傅或英国高级设计师或缝纫师飞单为顾客提供上门量体、上门试衣、单量单裁、扎毛壳等个性化服务。互联网定制品牌在降低成本的同时,尽力满足顾客个性化需求,为顾客提供个性化工艺,如顾客专属刺绣、个性化钉扣工艺等。为了缩短交货周期,采用数字化、智能化系统,集合多品牌厂商、面料商、设计师、版师等实现快速反应,降低生产成本。在互联网定制与高级定制中,顾客可以选择已有的款式进行个性化定制,也可以由设计师重新设计,而互联网定制品牌则可以在已有款式上更换局部部件来满足个性化需求,或与设计师共同设计,由于定制成本、目标顾客及定制程度的不同,定制品牌为顾客提

供的个性化体验也有所差别,如表 5-11 所示。

表 5-11 成衣、网络定制、高级定制个性化体验差异分析

体验类型	成衣		网络定制	高级定制
个性化量体	国家标准号型		3D 人体扫描	老师傅手工测量
			美女上门量体	
			基于三维智能计算	3D 扫描量体
			顾客自主测量	
个性化工艺	标准流水线工艺		创意刺绣	扎毛壳
			手工钉扣/锁扣眼	手工纳驳头/锁扣眼/嵌边
个性化设计	产品策划		顾客参与设计	参与设计
			顾客再设计	
	设计师		自主设计	独立设计
个性化体验	线上平台		VR 虚拟试衣	国外飞单
			移动端 APP	实体店
	线下店铺		PC 端	会所
			实体店	仿真模型
个性化服务	会员		自动定位上门服务	上门服务
			个性化产品定制	个性化产品定制

三、小结

通过分析服装个性化运作机制及其节点性,从不同定制品牌的定制产品、工艺、生产周期、营销策略、渠道、运作模式等入手,对比成衣产品,分析其在个性化服务、产品功能性、个性化体验等方面的差异性,主要研究成果如下:第一,服装定制的运作节点包括顾客个性化需求、个性化设计、个性化量体、个性化样板、个性化服务、客户反馈等关键节点;第二,基于成衣产品对比网络定制品牌与高级定制品牌,由于定制成本与面向对象不同,针对顾客所提供的产品功能性、产品服务、体验等方面都有很大差异。通过分析服装个性化定制运作机制及关键节点,研究不同定制品牌的差异,为后续数据分析提供现实参考依据。

第四节　服装个性化定制品牌体验价值提升策略

一、服装个性化定制体验价值提升策略

顾客主导型经济模式下,消费者从单纯的产品功能需求向深层次、个性化需求转变。在服装定制过程中,顾客更加注重材质、款式、工艺等细节的考量,对产品的功能性、享乐性、社会性、情感性价值提出更高的要求。服装个性化定制的体验价值的核心是产品,顾客从接触产品→购买产品→使用产品→反馈评价的整个过程中所感知的社会性价值、享乐性价值、服务性价值、个性化价值、售后价值等都是依托在产品的功能性价值基础上产生的。服装个性化体验价值的六个维度间有非常强的相关性,因此,服装个性化定制企业在提升顾客体验价值中应基于消费体验价值均衡发展六个体验维度,如图 5-12 所示。

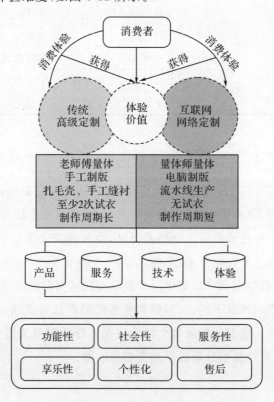

图 5-12　服装个性化定制体验价值提升模型

（一）极致产品传承工匠精神

工匠精神的核心在于"精"和"益"，其本质是求新、求变、求精、求专、求强，不仅是一种理念、态度和传承，更是一种全面植入企业研发、制造、营销、服务等各个环节的文化。企业要想抓住顾客，提升品牌自身竞争力，必须回归工匠精神，同样在信息化、互联网快速发展的今天，工匠精神不仅仅是指对传统工艺、传统文化的传承和发扬，在当今移动互联网时代，更需要极致的产品。

1. 产品细分化

服装定制本身就是为展现消费者个性化需求而产生和兴起的，其核心是服装产品，产品的面料、工艺、版型、款式、细节等只有做到极致才能给顾客带来不同的感知，才能满足顾客的身份需求。由于消费者对服装的要求不同，面料的需求、款式、版型等也有所不同，且顾客不一定会长时间地钟爱于某一种面料或某一款式的服装。因此，品牌应为顾客提供多样化的面料、款式等供顾客选择，或者为顾客专门设计特定的面料或款式。如97岁老匠人褚宏生在80年时间里，只专注做一件事——手工定制旗袍，一件纯手工绣花旗袍需要花费上月甚至1年的时间才能完成，即使是一件没有任何绣花的旗袍，从量体到缝制完成也需要7天的时间，他认为旗袍的精髓在于手工缝制后细密的针脚，而机械化流水线生产的服装太过于生硬，不能展现女性柔美的气质。据有关资料表明，李维斯服装店铺中大概有130种腰围的裤子，推出的"个人牛仔裤"计划，将裤子款式增加到430多种，在"合体裁剪"计划中将款式种类再次扩充到750多种。国内服装定制品牌红领集团，经历了数十年的时间，积累了拥有百万名顾客信息的数据库，包括版型、款式、工艺和设计等数据，驱动整个生产流程，相较于同类成衣品牌产品更加细分化（见表5-12）。恒龙云定制也采用大数据库，生成定制服装款式库、面料库、版型库等数据，满足顾客的个性化需求。

表5-12　定制品牌与成衣品牌产品分类对比

品类	分类	定制品牌（红领）	成衣品牌（报喜鸟）
西装套装	按风格分类	经典复古、中式、商务、休闲、礼服	艺尚、潮尚、新风尚
	按款式分类	单排扣、双排扣、两粒扣、一粒扣	两粒扣、一粒扣
	按领型分类	平驳领、枪驳领、迷你平驳领	平驳领、枪驳领

续表

品类	分类	定制品牌(红领)	成衣品牌(报喜鸟)
单西装	按风格分类	复古、古典、时尚、中式、休闲、礼服、商务	艺尚、潮尚、新风尚
	按款式分类	单排两粒、一粒、五粒、双排四粒、六粒	两粒扣、一粒扣
	按领型分类	青果领、枪驳头、迷你平驳头、平驳头	平驳领、枪驳领
衬衣	按风格分类	商务、休闲、时尚、经典	商务、休闲
	按领型分类	立领、礼服领、标准领、小尖领钉扣、小尖领、小方领	尖领、方领
	按面料分类	条纹、格子、单色、印花、礼服、提花、纯棉	纯棉、格子、提花、条纹
	按们襟分类	门禁里三折、挂边、暗门襟	/
西裤	按风格分类	商务、休闲、礼服	商务、休闲
	按款式分类	单褶、双褶向侧缝、无褶	/
马甲	按款式分类	单排六粒扣、五粒、双排八粒扣、四粒	/
大衣	按款式分类	单排两粒、四粒、双排六粒、四粒	/
	按领型分类	关门领、抢驳头、立领	/
配饰	/	围巾、领带、方巾、领结、袖口	领结、皮带、胸花、皮包

2. 产品个性化

为了提升服装的功能性、社会性体验价值,服装个性化定制品牌应为顾客提供独一无二的产品,如个性化工艺、个性化面料、个性化版型等。网络服装定制品牌为了节省定制成本,可以设计多种基础款式,并在此基础上为顾客提供多种部件款式;顾客可以通过更改零部件从而形成属于顾客自己的服装。如美国在线服装定制品牌 Constrvct,推出业界首个在线进行 3D 服装设计的软件,顾客可以通过 3D 设计界面呈现整个服装的三维图,设计制作出完全属于自己独特的原创潮流的服装如图 5-13 所示。高级服装定制品牌则选用国际高档面料,通过最独特工艺来满足顾客需求,如在男士西装制作流程中需要经过 70 道工艺才能完成一件西装的制作,定制西装中有打线钉、手工缝衬、归、拔等手工工艺,制作时间长,一般一件手工西装定制需要 4～6 周的时间才能完成,而定制中的手工工艺则是普通西装中没有的,这些工艺能够使西装更加贴合人体的形态,穿着更加舒适且不易变形。

(二)技术创新提升消费体验

1. 创新性系统的引进

服装个性化定制为了满足顾客多样化、个性化的消费需求,需要为顾客提供差

图 5-13　美国服装定制品牌 Constrvct 个性化在线定制

异化服务体验才能使顾客感受到不同。信息化、大数据、智能化的快速发展给服装定制增添了很多创新性的服务与趣味性的体验。如 3D 扫描量体、VR 虚拟场景购物、虚拟试衣、人体模型打印、手机 APP 自主设计、MTM 数字化智能化生产等创新性技术。现如今，国外已有很多服装在线虚拟设计品牌，利用网络技术实现在线设计，顾客与设计师协同设计，模拟服装穿着后的效果，通过网络技术、虚拟技术将传统服装生产中的测量、设计、试穿有效结合，建立基于网络平台的服装定制系统。国内高级服装定制品牌恒龙，为了更好地服务顾客，引进了先进的 3D 虚拟模型打印系统，可以根据 3D 人体扫描打印出人体 1∶1 模型，在模型上进行服装缝制，使服装完全符合顾客的体型。

2. 打造全渠道发展战略

服装个性化定制品牌为了更好地满足消费体验，纷纷打造线上线下多渠道运营，以适应现代消费者多样化的购物方式，如品牌可以建立自己的移动端或 PC 端平台，也可以加入其他平台，增强客户体验。网络定制品牌可以发展线下体验店，而传统高级定制品牌则可以打通线上线下，实现线上定制。企业通过对接 PC 端、移动端和门店端，真正打通线上线下双向数据，实现全渠道客户、商品、营销、订单、服务等数据的无缝对接，布局全渠道的运营管理，为企业的创新发展提供数据依据，同时为消费者和客户提供一致的购物体验，为企业创造更高的价值。如红领定制品牌就通过设立线上 MTM 定制平台、移动端魔幻工厂、线下移动大巴和线下体验店实现全球定制，为顾客提供全渠道的体验模式。美国服装品牌定制网站 Bonobos 采用"垂直整合，多渠道零售"的网上网下虚实合体经营模式的商业模式，除了给顾客更好的购买体验外,更提供多渠道下单,包括 Online(网站)、Guide shop(体验店)、实体百货商店。目前,全美总共有 17 家 Bonobos 体验店,顾客可以选择并试穿服装,但是,产品并不会在门店中直接进行销售,顾客可以 O2O 模式下订单购买,产品生产后直接配送到顾客手中的定制化方式交易。

(三)服务变革满足消费需求

1. 协同创新服务

服装定制价值链本质就是服务链,不论从前台服装定制店铺或线上接单的界面环境,还是从量体、版型、毛壳、试穿等系列过程的服务,任何一环节都会影响顾客参与,因此,建立一套可控的定制服务标准,加强全定制链的培训,提高服务质量,可驱动顾客深入参与服装定制。服装个性化定制品牌为了更好地服务顾客,可以为顾客提供量体师上门量体服务、设计师上门量体、老裁缝上门服务、移动大巴上门量体服务,打通线上线下,为顾客提供多渠道购物方式,或者在高档场所设立高级会所让顾客与品牌更亲近。在售后服务方面,品牌可以为顾客终身保留顾客尺寸或版型,方便顾客再次购物,也可以为顾客保修,或提供几次免费护理或保养的机会,提升顾客对品牌服务的体验,使顾客对品牌产生依赖感。甚至运用数字化智能化手段,将互联网与新科技手段相结合提供三维人体扫描、非接触式远程量体、3D 虚拟试衣等服务,利用 VR 系统构建三维虚拟服装模型,丰富虚拟场景中服装款式、色彩、面料、细节等感官体验,实现静态与动态相转换的试衣模拟效果,进一步提升顾客定制服务。如今,消费者已不再被动地接受而是主动地向企业提出实用的反馈,他们要求有更多的参与权甚至是主导权。因此,企业可以为顾客提供协同创新服务。协同创新有三个层面,第一个层面,企业建立一个"平台",可为消费者进行一般产品的个性化定制(见图 5-14);第二个层面,个体消费者可以为自己量身定制产品来满足自身个性化需求;第三个层面,整合消费者的定制信息,对其进行深入的研究分析,据此来丰富平台内容。简而言之,就是给消费者以发挥创意的空间,让消费者可以充分地表达自己的意见、建议、创想,企业通过与消费者之间的合作,不断改进和提升产品与服务。

2. 个性化服务

科特勒认为一个企业提供的服务质量无时无刻不在受到检验。服务是一种特殊的无形产品,是企业取得竞争优势的主要手段之一,良好的服务能够增加消费者对品牌产品的购买欲。个性化服务即品牌围绕顾客核心需求,针对顾客需求提供个性化服务。如顾客在线上下单后,品牌可通过自动定位系统为顾客提供上门服

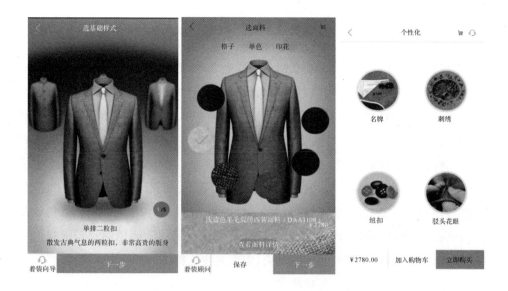

图 5-14　品牌个性化自主设计

务,利用大数据技术,针对顾客购物习惯及历史定制产品,为顾客实时推送新品及搭配服务。顾客使用产品后为顾客终身保养及修正。高级定制品牌可以为顾客终身保留顾客版型,方便顾客再次定制。恒龙定制品牌高端定制为顾客提供远程飞单服务,国外高级服装设计师和裁缝专门上门服务。网络定制品牌可以建立特殊体型数据库,为特体客户提供个性化版型设计。传统高级定制品牌除测量顾客多个部位的尺寸外,还了解顾客日常穿着习惯甚至是手表的厚度,了解顾客日常出入的场合,以满足服装合体性要求,并使服装给顾客带来扬长避短的效果。因此,为顾客提供个性化的服务既能提升顾客的体验价值,还能满足顾客的多元化、个性化需求,使顾客对品牌产生依赖感。

3. 差异化引导

顾客主权重构赋予了消费者极大的主动性,企业应以顾客为中心,将选择权、控制权、自主权交给顾客,使顾客参与服装定制价值链环节,加强与顾客的交互和对话,激发顾客深层次需求,实现与顾客的零距离接触。顾客参与自主设计和模块化选择过程中,自身能力与知识水平存在差异化,企业应协助顾客进行参与,提供各种激励措施驱动顾客参与,并给予相应的技术支持,及时解决顾客参与中遇到的问题,以减轻顾客参与的压力。定制企业要基于顾客知识、需求、创造能力、购买能力等差异,引导不同程度的顾客参与,以实现顾客满意。

二、高级定制体验价值提升——以隆庆祥为例

传统高级服装定制是指在互联网定制诞生之前,仍旧采用传统的工艺、一人一版和传统的定制方式,顾客在门店下单由设计师设计或裁缝师量体,单量单裁,且至少有一次试衣的定制。高级定制裁缝师一般拥有精湛的技艺和丰富的经验。顾客通过面对面交流,提出个性化需求,裁缝师根据顾客需求为其单独设计,并由顾客参与确定面料、款式、工艺、部件、细节等体验环节。传统高级定制采用手工量体、手工制版为顾客量身定制,通过样衣制作、扎毛壳、试衣、修改、再试衣的过程,采用推、归、拔,手工上衬、手工钉扣、手工刺绣、手工熨烫等传统工艺制作。传统高级定制完全围绕顾客展开,根据顾客对服装穿着的时间、场合、用途及需求提供一对一服务,其制作过程周期长、工序复杂,需多名技艺精湛的师傅协作完成。

(一)隆庆祥定制品牌定制现状

隆庆祥创始于 1995 年(见表 5-13),主要以西服定制为主,推出西服套装、风衣和女装三大品类,团体定制和私人高级定制两大业务。其采用传统红帮裁缝工艺集设计、生产、营销为一体,旗下有"隆庆祥"、"隆祥"、"蓝士"三个子品牌,大致分为个性化量身定制和商务休闲装、职业装等成衣销售。为了顺应时代变迁及渠道变化,品牌拓展了天猫、京东等线上营销渠道;为了提升品牌市场占有率,延伸产品线,增加产品品类,采用 C2B/O2O 商业模式为顾客提供差异化、多元化体验渠道。

表 5-13　隆庆祥传统高级定制

名称	内容	备注
产品	西装、衬衣、礼服、皮包、皮带、皮夹、皮鞋、配饰	/
品牌	隆庆祥	个人量身定制
	隆祥	商务职业装
业务类型	团体定制、个人定制	/
消费渠道	天猫商城、京东商城、实体店铺	线上线下结合
品牌推广	公众号、微博、微信	品牌动态
市场拓展	实体店加盟、品牌加盟	/
运作模式	C2B、B2B、O2O	/
工艺类型	半定制	/

隆庆祥主要采用线下传统专卖店量体定制为主的销售渠道策略(见图 5-15)。

品牌定制西装从上衣的翻领、驳头、袖里、底摆到大身扣的开眼及锁缝工艺,每一道工序都需拥有几十年经验的、技艺精湛的老裁缝师手工缝制完成。在定制过程中,为了使得西服版型更加贴合人体曲线,使服装穿着后效果更加合体,在手工缝制和熨烫时,需在人台上反复试样、调整,甚至需反复整理多次以求达到最好的效果。如图 5-15 所示。

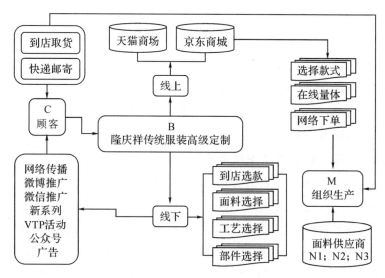

图 5-15　隆庆祥定制体验模式

(二)隆庆祥定制品牌体验价值痛点分析

工业化带动了成衣业的发展。20 世纪 90 年代成衣业的繁荣为传统高级定制品牌带来巨大挑战。上海曾经积聚了众多高级定制品牌店,南京路上有王兴昌、荣兴昌、裕昌祥、王顺泰、王荣康、汇利六大裁缝名店,亨生、启发、德昌,培罗蒙"四大名旦",以及颇有英国 Savile Row 之势的茂名南路。这些品牌鼎盛时期曾为国家元首、政要、商界大亨服务,然而现在许多传统定制店要么落寞,要么沉寂,或仍保持着小裁缝店规模。在此期间,一些传统高级定制品牌奋勇而起,如培罗蒙等扩大产品类别增加团体定制、扩大生产规模增加成衣业务。由于工业化的挑战,传统的小规模裁缝店经营形式基本已被企业集团的运作方式取代。

1. 营销渠道单一

随着市场环境及格局的变化,尤其是"互联网＋"时代的到来,传统的营销渠道已经不能适应消费者的购物习惯,市场营销渠道不断发生变革,包括渠道的拓展方向、分销网络建设和管理、区域市场的管理、营销渠道自控力和辐射力等,这些都是企业所面临的新挑战。互联网技术、云计算、大数据、人工智能、虚拟现实等的深度运用,冲击了原有服装市场的商业模式,对线下要素的集成和优化作用给服装行业带来了翻天覆地的变化。2014年,传统服装制造业寻求转型升级路径,互联网定制受到了市场的关注,许多网络定制品牌开设线下体验店,传统定制企业逐渐拓展线上渠道,传统高级定制市场受到挤压。

2. 定制缺乏行业标准规范

高级定制对产品的面辅料选择、裁缝师的技艺都有很高的要求,因而定制成本较高。英国萨维尔街的标准是,全定制(Bespoke)即拥有最高标准的定制,品牌服务要完全围绕顾客展开,但国内大部分"高级定制"品牌至今仍没有统一的标准规范。对服装的面辅料及纽扣材质等都没有统一要求,每个品牌都是单独存在的,且标准参差不齐,顾客很难衡量其产品及品牌价值。

3. 传统定制成本高,手工艺技术难传承

传统高级定制的核心是拥有独特的手工艺技术,技艺精湛的高级裁缝和工匠都是从事拥有几十年的定制经验不断打磨出来的,花费毕生的心血专注于定制工艺的钻研,很难被其他人复制。但随着互联网化、机械化的冲击,很多传统的手工艺技术流失,手工艺人消逝,手工艺传承问题成为传统定制企业的痛点。随着实体店租金、物业、人员管理等费用的增加,传统高级定制企业生产成本居高不下,经营困难。

(三)隆庆祥定制品牌体验价值提升策略

1. 线上线下全渠道策略

新消费时代,消费者的需求发生质变,消费者不仅仅需要产品本身,还需要感性意义上的体验,因而体验经济和体验营销成为企业提升市场竞争力所关注的焦点。顾客从以往的"理性消费"发展到"感性消费",从"物质消费"发展为"精神消费"。传统营销渠道向全面化的销售、服务、体验及传播为一体的全渠道发展,服务导向从以业务、服务为中心转向完全围绕顾客需求展开。企业要不断优化和升级产业现有的营销渠道,将线上、线下渠道打通,为用户提供个性化、全流程的服务体验。互联网冲击下,营销观和环境发生了深刻的变革,碎片化的传播模式逐渐发展为整合营销式传播,传统高级定制品牌可以开拓线上营销渠道,为顾客提供线上服务,如顾客可以通过线上渠道下单,通过加入线上定制平台,实现线上选择款式、线下体验等。通过线上微博、微信公众号定期发送品牌相关消息及服装搭配指南等,参加国际会展,将品牌形象更好地展示出来。

2. 开展上门服务

高级定制的关键在于服务质量,品牌为了更好地服务顾客,更好地与各地顾客沟通,品牌可以开展上门服务,如为其他城市的顾客提供上门服务,打破区域的限制,在各地商场建立高级会所招待高级顾客,为顾客进行量体、试衣、制版及相关着装知识的传授,与顾客交流定制心得,倾听顾客意见及建议,给顾客带来个性化专属服务。品牌也可以专门为顾客提供上门服务,如顾客无法到店量体,品牌可以派人去顾客家里为顾客进行定制,并为顾客提供上门试衣及售后服务等,让顾客感受到独一无二的服务体验,精准传递高级定制品牌的精神。为了节约成本,高级定制品牌可以建立线上产品信息数据库,量体师可以通过为顾客上门量体,顾客通过线上选择款式,直接将顾客数据及产品数据传输至品牌生产车间进行手工制作,这样能更好地缩短生产周期,从而在保证高级定制传统工艺的基础上丰富顾客体验。

3. 建立独立定制平台

服装高级定制的数字化、智能化的实现,要借助信息技术搭建网络平台,开发服装高级定制智能化管理系统,综合订单管理、生产加工、网络营销,最终实现终端店铺、工厂制造与顾客体验与订单传递、生产制作和终端销售的无缝对接。品牌可以建立专属的面辅料数据库、款式数据库、工艺数据库、顾客尺寸数据库、版型数据库等数据库,建立专属定制平台,顾客可以通过线上定制品牌选择下单,并输入个人信息及地址,品牌为顾客提供上门量体服务,将量体数据传输至品牌生产端进行产品制作,为顾客提供线上、线下、上门等多渠道定制体验,提升顾客定制的体验价值。

三、小结

在服装个性化定制的消费体验影响体验价值的六个因素中,产品是消费体验的核心,消费者的体验价值无法脱离产品而存在。不同定制模式下,消费体验价值的侧重点也有所差异,企业应该在满足顾客对产品功能性体验的基础上,为顾客提供其他体验,体验过程要围绕顾客整个定制过程而制定。消费体验是从顾客定制产品前、定制过程中及使用产品后整个过程产生的,企业应该为顾客打造深度的消费体验。顾客需求是多样化的,且处于不断变化中,当基本需求得到充分满足后他们会寻求更高层次的需求,企业需要根据顾客不断变化的需求不断完善并改进自己的产品、服务及体验,以使顾客得到更大的满足。也可以为顾客提供趣味性、差异化的体验提升顾客价值,而不仅仅是销售一件产品或服务。企业要从顾客根本需求出发来考虑其产品或服务的营销,在营销中增强客户的良性体验。

参考文献

[1] 周济. 走向新一代智能制造[J]. 中国科技产业,2018(1). 105-113.

[2] 周济. 智能制造——"中国制造 2025"的主攻方向[J]. 中国机械工程,2015 (17):225-231.

[3] 吴敬琏. 读懂供给侧改革[M]. 北京:中信出版社,2016.

[4] 贾康. 供给侧改革结构性要领[J]. 管理世界,2016(12):15-28.

[5] Hanson,Winkler H. A Capability Approach to Evaluate Supply Chain Flexibility [J]. International Journal of Production Economics,2000 (167):177-186.

[6] 黄绿蓝. 智能制造能力评价体系研究[J]. 智慧工厂,2018(2):1003-5656.

[7] 刘益. 基于 Meta 视角的市场导向、产品创新、产品竞争优势与新产品绩效 关系研究[J]. 研究与发展管理,2015(11):105-113.

[8] Rangaswamy. Introduction to Supply Chain Management. NewJersey: Prentiee-Hall,2009.

[9] 刘俊华. 面向个性化定制的智慧服装生态系统若干问题研究[D]. 杭州:浙 江大学,2016.

[10] 方娇. 面向个性化服装定制的特殊体型数字化补正[D]. 上海:东华大 学,2016.

[11] 吴迪冲. 服装大规模定制及其结构体系研究[J]. 纺织学报,2012(2): 1003-5656.

[12] 腾炜. 服装企业供应链协调的分析及激励设计[D]. 上海:上海交通大 学,2015.

[13] 李志浩. 技术进步与消费需求的互动机制研究——基于供给侧改革视域 下的要素配置分析[J]. 经济学家,2015,54(2):1003-5656.

[14] 韩永生. 基于云计算的服装设计供应链协同策略与应用研究[D]. 上海: 东华大学,2015.

[15] Kang H S, Lee J Y, Choi S, Kim H, et al. Smart manufacturing: Past research, present findings, and future directions, International Journal of Precision Engineering and Manufacturing-Green Technology, 2016 (3):111-128.

[16] 王茹.大规模个性化定制技术与标准研究[J].信息技术与标准化,2017 (8):530-537.

[17] 闻力生.服装企业智能制造的实践[J].纺织高校基础科学学报,2017 (4):468-474.

[18] 李清,唐骞璘,陈耀棠等.智能制造体系架构、参考模型与标准化框架研究[J].计算机集成制造系统,2018(3):539-549.

[19] Kling S D. Smart manufacturing: Past research, present findings, and future directions, International Journal of Precision Engineering and Manufacturing-Green Technology, 2016(3):111-128.

[20] 纪丰伟.智能制造体系重构创新研发模式[J].智能制造,2017(9): 14-17.

[21] 王媛媛.智能制造领域研究现状及未来趋势分析[J].工业经济论坛, 2016(5):530-537.

[22] 米良川.以智能化转身重塑新优势——浅析服装智能制造现状及趋势[J].纺织服装周刊,2016(34):54-55.

[23] 龚柏慧,袁蓉,朱晋,陆宋婧.智能制造对服装定制和设计的影响[J].上海纺织科技,2017(6):16-18.

[24] 墨影,孟庆杰.打开服装智能生产"生态链"[J].纺织机械,2016(6): 24-29.

[25] 张志斌,李鹏,温平则.工业工程视角下智能化服装模板的应用研究[J].毛纺科技,2016(3):68-71.

[26] 刘宇飞,孔德婧,屈贤明.融入人工智能技术的规模定制生产服务模式发展研究[J].中国工程科学,2018(4):118-121.

[27] 肖静华.基于互联网及大数据的智能制造体系与中国制造企业转型升级[J].产业经济评论,2016(2):5-16.

[28] 姜红德.数据驱动服装个性化定制[J].中国信息化,2017(3):60-62.

[29] 徐新新,孝成美.智能制造能力评价体系研究[J].智慧工厂,2018(6):

59-62.

[30] 尹峰.智能制造评价指标体系研究[J].工业经济论坛,2016(6):632-641.

[31] 苏贝.制造业智能化转型升级影响因素及其实证研究[D].西安:西安理工大学,2018.

[32] 彭卉.数字化智能化定制的顾客感知价值对品牌忠诚度影响研究[D].杭州:浙江理工大学,2016(34):1-98.

[33] 段然.基于云计算的服装设计供应链协同策略与应用研究[D].上海:东华大学,2017.

[34] 李晗.面向个性化定制的智慧服装生态系统若干问题研究[D].北京:北京交通大学,2017.

[35] 郑志强.基于突变级数法的智能制造能力评价研究[J].经济论坛,2018(09):27-32.

[36] 王亚赛.基于突变级数法的时尚服装企业供应链柔性评价研究[D].杭州:浙江理工大学,2017.

[37] 杨伟民.经济新常态与供给侧结构性改革[J].上海大学学报(社会科学版),2016(3):32-36.

[38] 刘伟,蔡志洲.中国经济新一轮动力转换与路径选择[J].管理世界,2016(24):132-136.

[39] 王一鸣.供给侧结构性改革优化研究[M].杭州:浙江大学出版社,2017.

[40] 林卫斌,苏剑.供给侧结构与需求侧互动机制研究[J].管理世界,2016(11):78-79.

[41] 马琳.面向服装样板智能设计的专家知识库构建与研究[D].西安:西安工程大学,2016.

[42] 田苗,李俊.智能服装的设计模式与发展趋势[J].纺织学报,2014(2):109-115.

[43] 王永建.面向MTM的温州某服装企业西服大批量定制集成平台研究[D].杭州:浙江理工大学,2009(12):2-3.

[44] 朱琳.基于智能制造的国内高端服装品牌定制商务营销模式研究[D].天津:天津工业大学,2017.

[45] 李忠祥.需求多变的面向订单型中小企业生产计划管理的研究与应用

[D].南京:南京大学,2015.

[46] 朱伟明,卫杨红.不同情境下服装个性化定制体验价值差异研究[J].纺织学报,2018(10):115-119.

[47] 朱伟明,谢琴,彭卉.男西服数字化智能化量身定制系统研发[J].纺织学报,2017.38(4):151-157.

[48] 吉峰,张婷.大数据能力对传统企业互联网化转型的影响——基于供应链柔性视角[J].学术界,2016.

[49] 张华玲.基于数字化智能化的服装个性定制模式[J].红河学报,2017,10(8): 112-114.

[50] 杨伟民.经济新常态与供给侧结构性改革[J].上海大学学报(社会科学版),2016(21): 47-49.

[51] Oliver K. The dark corners of industry 4. 0-Grounding economic governance 2.0[J]. Technology in Society,2018(7): 1-9.

[52] Mizintseva M F, Gerbina T V. Knowledge management: A tool for implementing the digital economy [J]. Scientific and Technical Information Processing, 2018, 45(11):40-48.

[53] 林卫斌,苏剑.供给侧结构与需求侧互动机制研究[J].管理世界,2016(8): 118-124.

[54] 梁道雷,郑军红,杨聪霞,等.基于"互联网＋大数据"服装定制的精准营销研究[J].丝绸,2018(9):1-7.

[55] 周丽洁.多层次商务休闲男装C2B定制模式差异研究[D].杭州:浙江理工大学大学,2017.

[56] 沈雷,张竞羽.大数据时代的中国服装品牌创新策略[J].服装学报,2016(1):117-122.

[57] 朱伟明,卫杨红.互联网＋服装数字化个性定制运营模式研究[J].丝绸,2018,5(55):59-64.

[58] Gong Z. An Economic Evaluation Model of Supply Chain Flexibility [J]. European Journal of Operational Research, 2006, 184（2）: 745-758.

[59] 邬贺铨.互联网的新机遇,数字经济新动能[J].互联网天地,2017(1): 6-10.

[60] 王桂从.面向订单装配的机械产品柔性生产计划及控制技术研究[D].济南：山东大学,2008.

[61] F. Tao, Y. Cheng, L. Zhang, A. Y. Nee, Advanced manufacturing systems: socialization characteristics and trends, Journal of Intelligent Manufacturing, 28(2017):1079-1094.

[62] A. Kusiak, Smart manufacturing must embrace big data. Nature, 2017: 23-25.

[63] Zhou Ji. Intelligent Manufacturing-Perspective [J]. Engineering, 2018, 12(1):1-10.

[64] 李松.中国智能制造业国际竞争力影响因素及其提升策略研究[D].蚌埠：安徽财经大学,2017

[65] 刘俊华.面向个性化定制的智慧服装生态系统若干问题研究[D].杭州：浙江大学,2016.

[66] 李炜.大规模定制环境下定制因素对制造时间的影响肌理及模型研究[D].重庆：重庆大学,2014.

[67] 龚炳铮.智能制造企业评价指标及评估方法的探讨[J].电子技术应用,2015(11):6-8.

[68] 徐雪,张艺,余开朝.基于BP神经网络的智能制造能力评价研究[J].软件,2018(8):162-166.

[69] 谢宝飞,梁涛.基于个性化定制的智能制造研究[J].电脑知识与技术,2017(10):154-155.

[70] 韦莎,马原野,张通,于印鹏,程雨航,李琳.大规模个性化定制技术与标准研究[J].信息技术与标准化,2017(08):15-19.

[71] 周文灿.基于领域本体的服装智能制版模型的构建[D].西安：西安工程大学,2016.

[72] 杨力,陈焕章.我国工匠精神研究述评[J].成人教育,2018,38(4):57-61.

[73] 巩佳伟,于秀媛,张丽丽.匠心：追寻逝去的工匠精神[M].北京：人民邮电出版社,2016.

[74] 刘建军.工匠精神及其当代价值[J].思想教育研究,2016(10):36-40.

[75] 郭霄霄.服装设计专业现代"工匠精神"培养模式探讨[J].艺术科技,

2017,30(6):5-6.

[76] 亚力克·福奇.工匠精神[M].陈劲,译.杭州:浙江人民出版社,2014.

[77] 肖群忠,刘永春.工匠精神及其当代价值[J].湖南社会科学,2015(6): 6-10.

[78] 叶美兰,陈桂香.工匠精神的当代价值意蕴及其实现路径的选择[J].高教探索,2016(10):27-31.

[79] 彭翔飞,李强.简论中国现代服装设计更需"工匠精神"[J].大众文艺, 2015(8):44-44.

[80] 查国硕.工匠精神的现代价值意蕴[J].职教论坛,2016(7):72

[81] 赵一心.工匠精神浅析[J].收藏与投资,2016(7):108-117.

[82] 邹佩侠.传统文化视域下的工匠精神解构[J].青春岁月,2017(19):18.

[83] 李进.工匠精神的当代价值及培育路径研究[J].中国职业技术教育, 2016(9):27-30

[84] 郑一群.工匠精神:卓越员工的十项修炼[M].北京:新华出版社,2016.

[85] 宋振杰.从工人到工匠——成为大国工匠的自我重塑之路[M].北京:工人出版社,2016.

[86] 薛栋.论中国古代工匠精神的价值意蕴[J].职教论坛,2013(34):95.

[87] 张迪.中国的工匠精神及其历史演变[J].思想教育研究,2016(10): 45-48.

[88] 郭伟.解码日本"工匠精神"[J].宁波经济(财经视点),2018(10):46-47.

[89] 王志民.德国工匠精神是如何造就的[J].人民论坛,2018(14):18-19.

[90] 李云飞.德国工匠精神的历史溯源与形成机制[J].中国职业技术教育, 2017(27):33-39.

[91] 秋山利辉.匠人精神[M].陈晓丽,译.北京:中信出版集团,2015:1-168.

[92] 黄灿艺.简析服装定制的历史和发展现状[J].轻纺工业与技术,2009,38 (5):27-28.

[93] 金艺.服装定制业的市场前景[J].艺海,2013(8):214-214.

[94] 赵茜,任军.基于O2O模式的服装定制发展研究[J].现代经济信息, 2017(18)

[95] 陈明伊.高级时装定制的特点及其运作流程[J].纺织科技进展,2016 (6):50-52.

[96] 陈昊.当代中国服装高级定制研究[D].苏州:苏州大学,2015:1-28.

[97] 耿阳.浅谈中国高级定制服装的发展现状和趋势[J].轻纺工业与技术,2013(04):37-38.

[98] 曹静平.中国高级定制时装现象探析[D].南京:南京艺术学院.2013.

[99] 郑芳琴,周莉英.国内高级时装定制发展策略分析[J].现代商贸业,2016,37(27):61-62.

[100] 杨青海,祁国宁,李响烁.服装大批量定制的主要形式与实现方法[J].纺织学报,2007,28(3):115-119.

[101] 张彤,顾庆良.服装大批量定制的技术体系研究[J].纺织学报,2007,28(6):118-122.

[102] 许才国,鲁兴海.高级定制服装概论[M].上海:东华大学出版社,2009.

[103] Ross F. Refashioning London's bespoke and demi-bespoke tailors: new textiles,technology and design in contemporary men's wear[J]. Journal of the Textile Institute,2007,98(3):281-288.

[104] 刘智博.定制服装设计研究[D].上海:东华大学,2006.

[105] 刘丽娴,郭建南,任力.中国时装定制的概念剖析与现状分析[J].艺术与设计(理论),2008(8):206-208.

[106] 刘丽娴.定制服装的品牌模式研究[J].丝绸,2013,50(3):71-74.

[107] 朱伟明,彭卉.中国定制服装品牌格局与运营模式研究[J].丝绸,2016,53(12):36-42.

[108] 刘丽娴.基于动态多维定位的定制服装品牌设计模式研究[D].上海:东华大学,2013.

[109] 张涛.数字化服装定制的探索[J].商场现代化,2008(35):271-271.

[110] 赵雅彬,朱伟明,卫杨红.服装定制人体测量技术的研究[J].上海纺织科技,2017(11):9-10.

[111] 薛煜东.网络服装定制系统研究[J].纺织报告,2010(7):53-55.

[112] 梁帅童,胡守忠.网络零售服装定制的定价因素[J].上海工程技术大学学报.2013,27(2):185-190.

[113] 李浩,朱伟明.O2O服装定制品牌顾客感知价值的差异研究[J].丝绸,2015,52(1):36-41.

[114] 陈健.关于高级时装的价值与未来发展探讨[D].苏州:苏州大学,2001

[115] 席阳,刘荣.中法服装高级定制的差异性探究[J].产业与科技论坛,2014(22):105-107.

[116] 陈力,曾昭珑.中国高级定制服装的发展趋势[J].江苏丝绸,2010,39(3):32-34.

[117] 刘云华,缪良云.红帮裁缝源流小考[J].纺织学报,2008,29(4):104-107.

[118] 王君丽.服装云定制及其发展趋势探讨[J].纺织导刊,2018(7):79-80.

[119] 唐莎.中国私人服装定制的发展状况和趋势[D].天津:天津工业大学,2016.

[120] 李佳佳.中国高级定制需要怎样的"工匠精神"[N].企业家日报,2016(27).

[121] 智雅.服装行业的"工匠精神"[N].中国服饰报,2017(5):1-3.

[122] 林燕萍.服装品牌塑造影响因素研究[J].国际纺织导报,2018,46(1):62-64.

[123] 黎晓.服饰奢侈品牌的历史感与文化性研究[D].北京:北京服装学院,2015.

[124] 吴洁.国别文化孕育的品牌特性[J].商界领袖,2003:123-124.

[125] 李盛林,田雯霞.基于消费者的老字号品牌价值提升问题实证研究[J].商业时代,2014(08):18-20.

[126] 陈少文.解读夏姿·陈[J].中国城市经济,2011(12):258-259.

[127] 冯乐乐,冯冈平,赵志鹏.企业知名度与美誉度的测量[J].现代企业,2016(02):49-50.

[128] 陈梦萍,蒋晓文.中国服装品牌价值评估模型的研究[J].国际纺织导报,2014(1):68-74.

[129] Luis J. Callarisa Fiol, Enrique Bigne Alcañiz, Miguel A. Moliner Tena, et al. Customer Loyalty in Clusters: Perceived Value and Satisfaction as Antecedents [J]. Journal of Business-to-Business Marketing, 2009, 16(3):276-316.

[130] 孙菊剑.服装企业社会责任内在经济驱动力分析[J].安徽农业大学学报(社会科学版),2009,18(3):1-5.

[131] Du S, Bhattacharya C B, Sen S. Reaping relational rewards from

corporate social responsibility: The role of competitive positioning [J]. International Journal of Research in Marketing, 2007, 24(3): 224-241.

[132] 朱伟明,谢琴,彭卉.男西服数字化智能化量身定制系统研发[J].纺织学报,2017,38(4):151-157.

[133] 高业志.服装工艺美的研究[D].长沙:湖南师范大学,2008.